治愈系心理学

心理画

摆脱精神内耗的涂鸦心理学

[美]芭芭拉·加宁（Barbara Ganim）　[美]苏珊·福克斯（Susan Fox）　著

刘腾达　译

人民邮电出版社

北　京

图书在版编目（CIP）数据

心理画：摆脱精神内耗的涂鸦心理学 / （美）芭芭拉·加宁（Barbara Ganim），（美）苏珊·福克斯（Susan Fox）著；刘腾达译. -- 北京：人民邮电出版社，2023.3
ISBN 978-7-115-60776-8

Ⅰ. ①心… Ⅱ. ①芭… ②苏… ③刘… Ⅲ. ①心理学—通俗读物 Ⅳ. ①B84-49

中国国家版本馆CIP数据核字(2023)第002465号

内 容 提 要

在生命的某个时刻，你是否怀疑过自己值不值得被爱？是否在取悦别人的过程中压抑或忽略了自己的真正需求？是否经常因承受压力而焦虑不已，再也无法通过文字或语言进行排解？

研究表明，图画是身体与大脑交流的首要途径，并且是所有个体与生俱来都擅长的一种内部语言。因此，即使你没有艺术天赋或绘画经验，最简单的点、线、面组成的涂鸦也能传达你内心的声音。打开《心理画》这部疗愈数百万人的涂鸦书，使用芭芭拉和苏珊开创的涂鸦日记——通过涂鸦、图画和图像的方式记日记，投入为期六周的练习，不但可以帮助你更自由地表达自己的情绪、情感和需求，看清困扰自己的创伤和问题，而且还能发现症结的根源，找到治愈和修通的方式。

在这部既有理论依据和实操步骤，又有大量涂鸦作品的书中，任何人都可以获得滋养灵魂的内在智慧，并最终认识到我们没必要去讨好每个人和让所有人都满意，因为我们活着的目标就是成为最好的自己，进而让这个世界对每个人而言都变得更好。

◆　著　　　[美] 芭芭拉·加宁（Barbara Ganim）
　　　　　　[美] 苏珊·福克斯（Susan Fox）
　　译　　　刘腾达
　　责任编辑　黄海娜
　　责任印制　彭志环
◆人民邮电出版社出版发行　　　北京市丰台区成寿寺路 11 号
　　邮编 100164　　电子邮件 315@ptpress.com.cn
　　网址 https://www.ptpress.com.cn
　　三河市中晟雅豪印务有限公司印刷
◆开本：889×1194　1/24
　　印张：11　　　　　　　　　　　2023 年 3 月第 1 版
　　字数：250 千字　　　　　　　　2024 年 11 月河北第 5 次印刷
　　著作权合同登记号　图字：01-2022-6743 号

定　价：69.80 元
读者服务热线：（010）81055656　印装质量热线：（010）81055316
反盗版热线：（010）81055315
广告经营许可证：京东市监广登字 20170147 号

　　本书由两位作者共同完成，读者可能很难将我们的文字区分开来。为此，我们在整本书中统一使用了"我们"这一复数代词。然而，我们发现，在为数不多的情况下将我们两人区分开来是很有必要的。这些情况既可能是某个章节的内容涉及我们其中一人的经历，也可能是因为有具体的原因要指明我们其中一人的名字。

　　同时，我们也要敬告读者，在记录涂鸦日记时可能会引发一些情绪问题，而你可能并没有做好充分的应对准备。如果这种情况真的发生了，那么我们建议你去咨询一位专业的心理咨询师或心理治疗师。

目　录

第一章｜比文字更深入地表达内心的声音

第三章 │ 让涂鸦日记成为每天的必修课

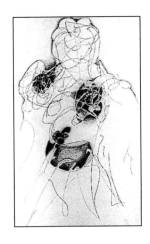

第四章│治愈由压力引发的情绪

第五章│与图画对话

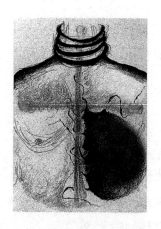

第六章│涂鸦日记作品展示

本章选取了一些涂鸦日记记录者的画作，并以彩色的形式展示给大家。每幅图画都附有文字描述，以表明创作者在完成图画后获得的有意义的思考和震撼心灵的启发。这些图画及文字描述是通向创作者私密而宝贵的内心世界的窗户。只有敢于分享自己内心最深处的想法、恐惧、愿望和梦想，我们才有资格鼓励他人自由地表达心灵的秘密。

第七章│战胜你的恐惧

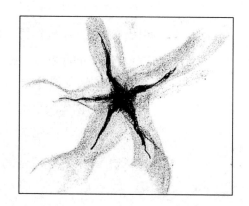

第八章｜解决内心冲突

第九章｜扩展你的涂鸦日记实践

如何用图画表达语言无法表达的体验

作为绘画治疗师，我们在多年的工作实践中发现，其实所有人都会一种无声的语言。这种语言能够表达我们的思想、情感及情绪的真实状态，它比文字更清晰和直接。这就是图画。基于这一发现，我们开发出了"涂鸦日记"这种方法，它可以让我们更自由地表达内心的所思所想（见图 1-1）。

与文字日记一样，涂鸦日记是一种记录日常生活中微妙感受的方法。但与文字日记不同的是，涂鸦日记要求个体通过内心去想象，它或许是一种思想、情感或情绪的颜色、形状及意象。个体在涂鸦过程中，能够用图画的形式看到最初那个抽象、

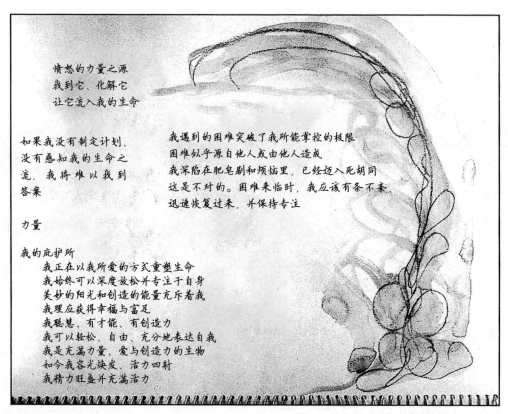

图I-1 《力量与愤怒之源》，来自阿黛尔·卡博夫斯基（Adele Karbowski）的涂鸦日记

模糊不清的概念。对大多数人而言，语言或文字很难表达失去爱人的痛楚，以及坠入爱河的甜蜜，因为这是语言和文字无法触及的体验。但图画不同，它所能触及的情感深度远远超出了语言和文字。

在通过涂鸦日记表达内心的情感时，来访者感受到了一种非凡的状态，这一结果也让我们为之痴迷。我们开始研究身体和大脑感知图画的正确方式。就在这时，我们发现，科学家们已经在感知觉、割裂脑及身体－大脑思想传递等领域进行了广泛的研究。我们意识到，图画可能是所有个体与生俱来的语言，这一猜测最终也被我们的研究证实：图画是身体与大脑进行内部交流的首要途径（见图 1-2），而语言和文字不过是一种用于外界交流的次要途径——人们为了交流而发明的沟通方式。我们相信，内在意象才是表达和理解我们所思所想的最准确的方式。这并不仅仅是一种推测，现在，我们已经掌握了客观的研究数据，这些数据能够证实，来访者的经验绝非虚妄。

图 1-2 《感受快乐》，来自工作坊学员的涂鸦日记

"当愉快的感受涌向我时，我感到有一口纯净的彩虹喷泉从心里喷出，流入了身体里的每一个细胞。"

当我们要求来访者使用涂鸦日记作为自我表达的主要方式时，我们注意到，来访者的图画语言并不仅仅局限于表达生活中的真实感受，当他们开始真正掌握这种语言时，还能够借此传递更多的信息。很快，我们还发现，这些信息并非来自个体可以进行理性思维、能够被自我感知的意识，而是来自心灵的更深层次——潜意识。这是所有人都拥有的智慧源泉，但常常被我们忽视。潜意识的智慧超越了理性思维对生活事件的解读，它所触及的是一种更为深刻的思考：我们的内在本真，以及我们所有行动的真实意图。我们相信，这就是灵魂的智慧。

不久之后，来访者开始要求我们成立一个涂鸦日记工作坊。有了这个工作坊，他们就可以和其他有需求的人聚在一起，分享涂鸦成果，讨论涂鸦的内在意象给予自身的教诲。就这样，在过去的五年间，我们开办的涂鸦日记工作坊有了越来越多的参与者，他们一次又一次地参与我们在工作坊举办的活动。他们告诉我们的都是同一件事：如果没有涂鸦日记，他们将无法与内心的那个自己进行沟通。涂鸦日记是他们通往自身灵魂的桥梁，可以让他们始终走在属于自己的道路上。

在开办工作坊的几年间，我们逐渐将学习涂鸦日记的过程设计并确定为总共六周的课程。我们不仅教学员如何借助图画来表达情绪和感受，还帮助他们研究一些相关的参考资料，以便让他们了解为什么涂鸦日记在表达情绪和感受时如此卓有成效。

在本书中，我们记录了六周课程的全部内容，并将它们放在一起，以便读者学习。如果按照本书的内容认真练习，你将会掌握这种内在的意象语言，并通过涂鸦日记的形式将其表达出来。如果你愿意花一点时间回答每次练习结束后的自我探索问题，你还能学会如何理解这种语言。我们设计自我探索问题，就是为了帮助读者领悟涂鸦日记的内涵及隐喻。我们内心的体会、感受、情绪、欲望及期望都会呈现在这些图画中。

如何应对畏缩和自我怀疑

如果你已经对记录涂鸦日记的想法动心了，但因为对绘画和美术一窍不通而感到畏惧和自我怀疑，所以不敢做出尝试——其实你完全不必担忧。事实上，有这一忧虑的并非你一人，许多来我们工作坊的人都表达了这一忧虑。因为这个问题不断出现在学员队伍中，所以，我们觉得有必要和你分享他们的想法和忧虑。下面所列举的就是工作坊的学员们在初次参加课程时表达的一些感受。

- 我一直都想学习绘画和素描，但不知如何使用美术材料。
- 我永远都学不会画画。
- 在上学的时候我的美术就不好，美术老师劝我放弃，因为我在这方面根本就没有天赋。
- 记录涂鸦日记对我来说是不可能的，我只会画一些简笔画。
- 我很担心自己画的画不好看，与孩子画的一样幼稚可笑。
- 当我看到其他人加入进来并开始作画时，我感到有些胆怯，我担心自己画得没其他人的好。
- 我甚至不知道自己来这里做什么，因为我根本不会画画。每次看到自己画的画，我都觉得愚蠢极了。但不知道为什么，我的内心一直都有一个声音，它不断地告诉我："这次会不一样。"

我们对所有这些忧虑的回答是"这次会不一样！"与所有的学员一样，你将发现，即使你不会使用美术材料，或者画的画与五岁的孩子一样，这些都没有关系。只要你能够拿起一支画笔，在白纸上画出一个简单的符号，我们就能够告诉你如何解读它，如何理解这个符号所表达的信息（见图1-3）。你将学会如何通过颜色、形状及形态语言与内心的那个自己进行沟通，并且领会这种图画语言其实一点也不难。一幅简笔画或一团缠绕的曲线，其背后所蕴含的隐喻与一幅细节丰富、形象逼真的图画所要表达的含义一样清晰。事实上，你会发现，那些绘画技术纯熟的人反而很难领会自己的涂鸦作品所表达的内涵。他们过于迷恋绘画技巧，以至于忽略了图画所要传达的信息。

图1-3　即便是简笔画和粗略勾勒的草图，也能完美地表达出心灵的意象

你不需要成为艺术家

　　涂鸦日记的一大优势就是，它不需要你成为艺术家，也不需要你在绘画方面接受过专业训练，或是有所谓的"艺术天赋"。所有人都具备借助自己内心的意象语言表达情感和情绪的能力。我们的学员都明白，只要不去思考作品应该呈现出什么样子，他们就能够描绘出寄身于自己头脑中的意象。这一点有力地向我们证明了涂鸦日记无关艺术创作，其本质是一种图画语言的表达。只不过，组成这种图画语言的元素不是文字，而是颜色、形状、线条、形态及质地。图画语言的表达越是简单、自然，它所传达的含义就越真实。简单的勾勒、无意义的线条或潦草的涂抹都可以成为一幅美丽的图画，并表达出你心中的意象。在指导熟练的艺术家进行涂鸦的时候，我们往往会要求他们用自己的非惯用手来描绘心中的意象，只有这样他们才不那么执迷于图画的外观。

　　和许多新学员一样，艾伦·菲茨杰拉德（Ellen Fitzgerald）刚刚加入工作坊时对自己的绘画能力非常不自信，她甚至不愿意与其他成员分享自己的第一幅涂鸦作品（见图 I-4）。在我们的鼓励下，她打开了日记本，并读出了她写在图画上方的文字："美术的概念让我不安，我觉得我无法画出自己看到的东西。"然后她说："在读高中的时候，美术老师告诉我，我不应该上美术课，因为我画得太糟糕了。从那以后，我就再也不敢尝试绘画了。"我们问她，是什么原因让她做出决定来到这个工作坊的。她回答道："一直以来我都有一种感觉，绘画是表达自我情绪的一种极好方式，但前提是我要克服内心的恐惧。"来到工作坊一周后，艾伦从容自在了许多，如今在绘画时，她感受到更多的是一种表达的兴奋。她已经领会到，用绘画的方式足以表达内心的意象语言。

恐惧和威胁

美术的概念让我不安，我觉得我
无法画出自己看到的东西。

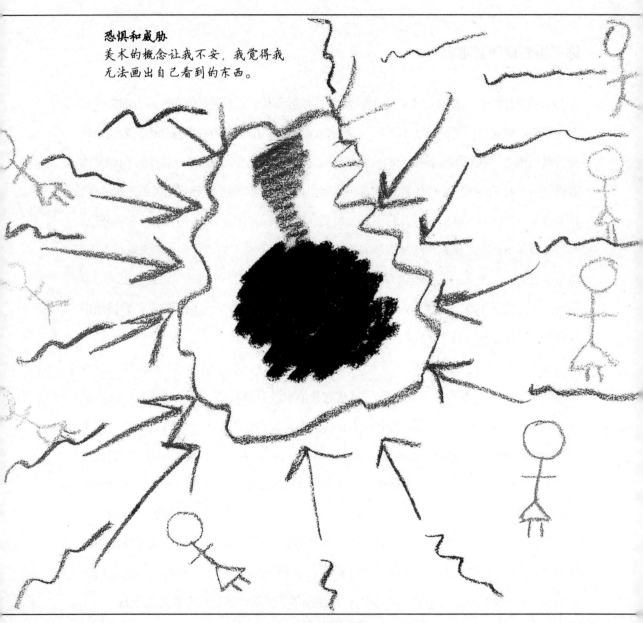

图 I-4 《恐惧和威胁》

涂鸦日记会使你变得更有智慧

如果你经常记录涂鸦日记，那么你将会聆听到来自内心智慧的声音。有了这种内心智慧的指导，当你面对问题时，就能够找出适合自己的选择并做出决定。它能够使你远离思想和情感的内在冲突，这种时常出现的冲突恰恰就是焦虑的根源。

所有挣扎于疾患和病痛中的来访者都会发现，涂鸦日记其实是一种很好的自愈疗法。现代科学已经证实，焦虑会引发免疫系统功能紊乱、细胞异常，并最终导致整个身体机能的退化。涂鸦日记能够帮助你释放压力，让你的身体始终处于健康水平。

涂鸦日记并不局限于让你保持内心的安宁。在你学会理解内心的意象语言后，你将会获得来自灵魂的启发。它会告诉你，为了获得内心的安宁，你需要在生活中做出哪些改变。

使用言语解读图画

尽管记录涂鸦日记的主要意图是通过图画来表达情感和情绪，但在解读图画的过程中，你仍然需要与自己进行言语上的对话。如果你能够将言语思维和意象知觉结合起来，你会发现涂鸦日记其实是一种非常重要的工具，它能够整合大脑左右半球的功能（大脑的左半球主要负责语言、逻辑和思维功能，而右半球主要负责想象、直觉和情绪功能）。图画是一种更为全面的感知体验的方式，在身体－大脑处理图画信息的过程中，所有细微的差别都会被察觉。而语言和文字则平衡了我们感知的过程，可以使我们辨别和定义信息的属性因子。因此，通过言语对一幅图画进行解读，能使我们产生身临其境般的情绪或情感。

　　尽管本书的首要目标是帮助读者学习如何记录涂鸦日记，但我们认为，展示工作坊学员的一些涂鸦作品同样重要。此外，你还能从本书中获得他们从图画中获得的心灵感悟。我们期望，你能够通过他们的经历（及你自己的经历），领悟到与自己的内心进行对话的重要性，以及涂鸦日记为何会成为亲近这种直觉的关键。最终，这种直觉将解开你人生的谜团。

第一章

比文字更深入地表达内心的声音

绘画是一种表达私密情感和情绪的方式。

——亨利·马蒂斯（Henri Matisse）

琳达·希尔－沃（Linda Hill-Wall）是我们涂鸦日记工作坊的一位长期学员，她对涂鸦日记的描述是对其功能的最好说明（见图1-1）。她说："涂鸦日记能够让一个人表达出内心的真实情感，并领悟到这种情感之中所包含的智慧。"她的叙述恰到好处，甚至连苏珊都开始用她的话向新学员介绍，为什么涂鸦日记能够比文字更加深入内心，并让内心深处的声音得到表达。这也是本章的标题——"比文字更深入地表达内心的声音"。

图1-1　《鱼》

"涂鸦日记能够描绘出我们内在的美丽、本真和智慧，它使用的是一种比文字更为深刻的语言。涂鸦日记可以把我们生命中的平静与挣扎、快乐与泪水，以及激情、恐惧和梦想都呈现在一张纸上，清晰地表达了我们的神圣性，以及我们与世界万物的关联性。"

文字日记（语言性日记）是人们记录思想和经验的最常用的方法。我们发现，大多数日记记录者并不仅仅是在记录生活中发生的日常事件，他们还渴望借助日记和自己的内心对话。不幸的是，我们工作坊的学员都坦言，用文字始终无法和自己的内心进行交流。在我们的工作坊中，有一位女学员告诉其他学员，多年来，她一直坚持用文字记日记，尽管她知道这样做无法表达出自己最真实的感受。"我是一位职业作家。"她说道，"用文字记日记对我来说轻而易举，我完全可以写一些我想要自己相信的事情，并以此来欺骗自己。但是，当我开始尝试记录涂鸦日记后，便结束了这种自欺的行为。"

语言阐释感受

语言是左脑的功能，这让它很难触碰到我们情感的内核，因为左脑不是情感的生成区，它只是一个阐释者。为了说明我们的情感，左脑往往会调用我们的信念体系作为参考。我们的信念大都形成于孩童时期，它们决定了我们判断是非善恶、对错曲直的标准，也决定了我们对自己和他人的期望。当左脑将我们的经历及由这些经历所唤起的情感转换为语言形式的思想和记忆时，这些信念就成了左脑进行分析、评价和判断的准则。而我们因之形成的思想，就成为头脑中的声音、与他人对话时的言语及在写日记时使用的文字。虽然思想左右了我们感受事物的方式，但这可能并非我们的真实感受。

例如，当我们认为自己在生气时，也许会感觉受到了伤害。当我们认定自己爱上了某个人时，可能会对其产生依恋。这里所隐含的问题是我们的决定、选择和行动都基于对自身情感的猜测，而这种猜测可能与我们的真实情感毫无关联。这就是为什么很多人拥有了他们自认为想要的东西但内心仍感到空虚（见图1-2）。

图 1-2 《脱离痛苦的路径》，来自阿黛尔·卡博夫斯基的涂鸦日记

语言将我们与我们的真实感受区分开来。语言告诉我们应该做什么，而与此同时，告诉我们必须做什么的情感却不被倾听。为了深入本真，为了把握情感的内核，为了触摸心灵，我们需要使用一种不同的语言。这种语言在本质和根源上都不具有分析性，也不具备任何道德评判，它只是在揭示我们的情感。这种语言就是我们身体－大脑的内在意象。

图画揭示感受

图画是右脑的一个功能。我们的每一次经历及随之产生的情绪都会作为意象被我们的身体和右脑感知。尽管任何感觉都能产生意象，但通常来说，只有最强烈的感觉才能产生可见的意象（既可以是可识别的物体，也可以是抽象的形状或颜色）。这就是为什么当我们愤怒时，常常说自己看到了红色；而当我们悲伤时，会认为一切都是灰蒙蒙的。或者，当我们经历一次艰难的考验到达终点时，就像在隧道的尽头看到了一丝光亮。这些是所有人处于特定的情感或情绪状态时都会感受到的相似画面。

图画非常个人化。我们所感知的每一种情绪首先会作为情感体验被我们的机体表达，然后再被我们的左脑识别、阐释并转化为语言。每一种情感体验（包括由情绪所激发的情感）都会产生相应的图画联想，并借由交感神经系统传给身体。由于没有两个人会通过完全相同的方式经历同一种情感，因此没有两个人会想象出或画出完全相同的情绪图画。例如，一个人可能会将愤怒想象为一个爆炸的红色、橘色和黄色火球，而另一个人则可能将愤怒想象为一个冰冷而坚硬的钢球。尽管第一个人的想象表明愤怒是灼热的、膨胀的且指向外部，但他对愤怒的语言表述可能只是"我的愤怒非常吓人，并且不受控制"。我们从这一表述中很难体会到他对愤怒的内在体验，因为对于像"非常吓人"和"不受控制"这样的字眼，不同的人可能会产生完全不同的理解。

为了说明用语言表达情绪和用图画表达情绪之间的区别，让我们来看看以下两篇日记，它们都是弗兰克（Frank，化名）在进入工作坊的第一周内完成的。

图 1-3 是弗兰克日记的第一页。在这一页里，他首先做的是一种我们称为"签到"的练习——记录者要写下一两个词语表明自己此刻的感受。然后，他们要用更多的词语来解释这

图 1-3 《挫败感》（文字），来自弗兰克的涂鸦日记

种感受。弗兰克所写的词语是"挫败感"。接着，他将这种挫败感描述为"困惑""烦恼""恼怒"。

与我们之前提到的例子一样，弗兰克所使用的词语并没有阐明产生"挫败感"的根源。涂鸦日记课程的下一步就是要求学员确定在探索特定情绪或情感时有何意图。弗兰克写道，他的目的就是了解挫败感的来源。弗兰克在日记本的下一页画了

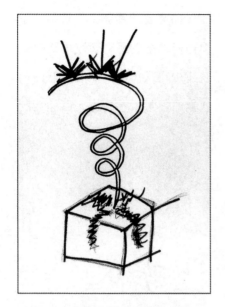

图 1-4 《挫败感》（图画），来自弗兰克的另一篇涂鸦日记

一幅图画（见图 1-4），对他来说，这就是挫败感的生理发生区。他在感到挫败时所联想到的画面是：一个螺旋锥正钻入一块方形的冰块中，冰块正向四面八方裂开。

弗兰克告诉其他学员，这幅图画对其感受的表达，远远超出了语言和文字。我们询问他，如果这幅图画能够说话，它会对他说些什么。他毫不犹豫地回答道："它会对我说，你感到挫败是因为你太急于求成了，以至于你身边的一切都开始失控。你需要更多的耐心，并且要相信能让你完成更多工作的是平和的耐心，而非巨大的压力。"

弗兰克对眼前的这幅图画带给自己的领悟感到惊讶。"这真是太简单了。"他说，"为什么我之前没有看到这些呢？"他告诉我们，他一生中的大部分时间都在眼睁睁地看着自己的努力付诸东流。他从来没有意识到是他在逼迫自己，无论恋爱还是工作都是如此。"我一直都不明白，为什么那些愿意给我机会、让我在亲密关系或工作职位上更进一步的人最后都会抛弃我。我一直都以为这是他们的问题。"他说，"现在我明白了，这一切都只能怪我自己。我为什么会从一幅简单的图画中学到这么多东西？多年来，我尝试了很多种心理疗法，就是想找出事情的根源。"通过对涂鸦日记的初次体验，弗兰克发现图画的确比文字给他带来了更多的领悟。

　　和弗兰克一样，当你在我们的引导下学会使用冥想技巧观想自己的情绪时，你就会发现自己的真实感受，而非左脑加工过的感受。同样，当你与图画交流时，它们不仅会揭露你情绪的来源，而且会告诉你应该从中学到什么经验和教训。

你最了解自己图画的内涵

　　每个人画出的图画都非常独特，以至于没有人能真正读懂他人的作品。即便两个是正在经历完全相同情绪的人，他们的图画（及图画所包含的意义）也会有所不同。这就是为什么你不能依赖一位心理咨询师告诉你，你的作品代表了什么。你必须学会自己去解读它。在本书中，每次涂鸦日记练习的最后部分都附有自我探索问题，我们会使用这些问题指导你解读自己的作品。

　　下面是来自同一个涂鸦日记工作坊的两位女性在表达悲伤情绪时所画出的图画，它们可以更好地说明我们的观点。当她们谈论自己的作品时，你不仅会发现她们在感受悲伤时存在的巨大差异，还会看到图画在何种程度上揭示了她们悲伤的本质和根源。

　　图 1-5 是罗宾·博伊德（Robin Boyd）

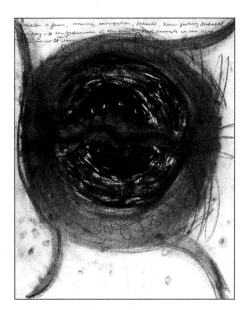

图 1-5　《悲伤》，来自罗宾·博伊德的涂鸦日记

的涂鸦日记。她告诉涂鸦小组的成员，上周她一直都觉得非常悲伤，所以一天晚上她决定通过涂鸦日记探索这种情感。以下是她分享的关于这幅图画的信息："面对这样一个世界，有时我会非常脆弱。比如，当我看到路上有死去的动物时，仿佛能感受到这个世界上所有的苦痛。我没有任何盔甲能抵御这一切。最近，我开始频繁地陷入这样的忧郁中。"当这种悲伤的情绪袭来时，罗宾意识到了自己内心的不安。

接着，罗宾开始想象，如果用图画把这种情绪表达出来会是什么样子。她说："我想象出来的图画是一些黑色的手指紧紧地攥住我的心脏，不让我的悲伤随着泪水流出来。我仿佛置身于幽深的黑洞，再也找不到出口。于是，我就画了这样一幅图画，它看起来像一个排水管，所有的悲伤都可以从这里逃逸、涌出。"在罗宾与大家分享完自己的图画后，我们询问她，在完成图画后她有什么样的感觉。"好极了！"她说，"悲伤好像真的从这些管道中逃逸了。涂鸦使我的抑郁情绪得到了排解。"

涂鸦日记不仅能够亲近语言无法表达的情绪和情感，还能够帮助我们排解这种情绪，使我们的生活更加轻松。

第二幅图画（见图1-6）是另一位女学员金恩庆（Kyung Kim）的作品。她描绘的是长期以来自己的肩颈所遭受的剧烈疼痛。在绘画过程中，她画出的图形慢慢地聚成了一个问号。当她问自己这是什么时，她告诉小组的成员，她觉察到了一种之前从未有过的悲伤感觉，这种感觉深藏在她的内心。在她不断绘画的过程中，画面上逐渐出现了一个心形的形状。她在图画的下面写道："身体的疼痛何时会结束？它会结束吗？在疼痛持续的时候，我还能深刻地感知到其他事物吗？我还能沉浸在其他事物中吗？"当我们让她谈谈画作给予她的启发时，她说："我的悲伤及这幅图画

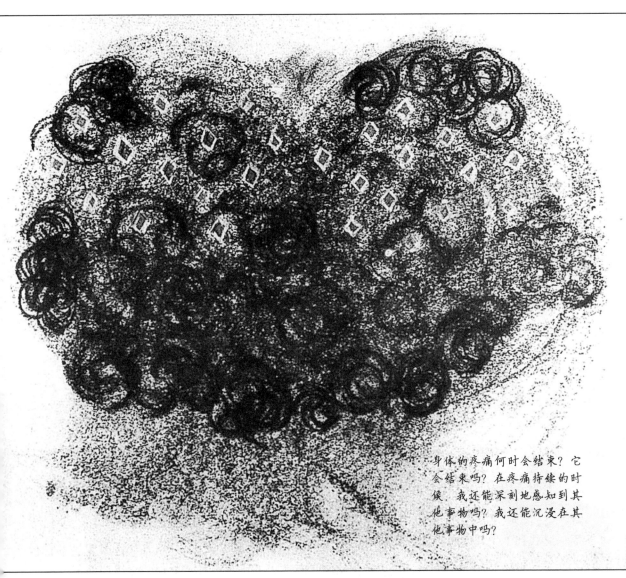

身体的疼痛何时会结束？它会结束吗？在疼痛持续的时候，我还能深刻地感知到其他事物吗？我还能沉浸在其他事物中吗？

图 1-6 《悲伤》，来自金恩庆的涂鸦日记

都源自我无法全身心地投入生活和工作中——我无法真正地享受生活。在画这幅图画时，我首先使用的是红色，但在悲伤的表层之下，也就是靠近心脏的位置，我使用了浓重的蓝色。我的感觉告诉我，这是一片神秘的区域，它就像一个问号。接着，我又在上面画了一些菱形。"

情感表明需要

在学习如何解读图画语言的过程中，我们也会渐渐地领悟自己情感的内涵。情感能够表达我们的需求，当我们的身体、心理或精神出现问题时，它们就会充当预警信号。当我们的思想与行动不一致时，它们就会提醒我们。内心的平和能够让我们保持身体健康、情绪稳定、精神愉悦，这是我们灵魂的最高意图。洞悉情感的内涵，能够让我们进入灵魂的旅途。这正是内心声音的作用：借由情绪和情感，让我们对自己有一个透彻的了解，让我们拥有实现人生价值的智慧。

在自己的画作中，罗宾不仅接触到了悲伤的源头，而且还学会了如何应对悲伤。对罗宾而言，虽然无法消除世间的悲伤，但她找到了化解悲伤的方法，这让她感受到了一种解脱。尽管金恩庆并没有在绘画中找到缓解痛苦的方法，但她意识到疼痛会衍生出一种深刻而隐匿的悲伤情感，这让她对自己有了更多的了解。在接下来的几周里，金恩庆不断地创作涂鸦日记，她对自己的悲伤也有了更深入的了解，并最终找到了生理疼痛的情绪来源。

当你开始通过涂鸦日记表达情绪时，有一点非常重要且需要你去领悟：你不一定要去解决导致自己产生负面情绪的问题。通常来说，仅仅是体验来自你身体内部的真实感受（而非你认为的感受）并将其表达出来，就足以让你体会到如释重负的感觉。涂鸦日记能够让你随心所欲地表达自己的情绪，同时又不必经受左脑的道德评判。我们的右脑只会单纯地认为，我们的经验及相伴而生的情绪是有效且必要的。

科学研究已经证实，右脑是无法进行道德评判的。它的功能仅仅是将我们的反应记录为图画印象，并按照舒适与否来感知它们。它不会判断我们的反应是否正确或错误、善良或邪恶。例如，如果经历了某件可怕的事，我们就会对记录这一经历的图画印象产生一种不舒适的感觉，并刺激我们的身体－大脑产生逃离反应。而与此同时，左脑会对该事件进行再解读，并可能将其视为一项充满刺激的挑战，渴望能够大胆地应对它，而这或许会将我们置于危险的境地。

例如，在一群男生看来，攀爬水塔并沿着狭窄的边沿行走是一件既酷又很刺激的事。尽管他们的右脑提醒他们远离这一行为，但他们的左脑可能会屈服于已经形成的信念，认定退缩是怯懦的表现。由此，我们能够很轻易地看出，遵从左脑的判断有时是愚蠢的，它会导致我们做出对自己不利的行为。

当我们使用左脑的逻辑思维为自己身处的境遇寻求解释时，常常会问这样的问题："为什么这件事会发生在我身上？"在我们学习超越语言的指引以进入内心的意象时——情感的语言、内心的声音——我们将会以一种全新的方式审视自己、我们身处的世界及我们的种种经历；我们将会看到希望而非绝望、接纳而非怨恨、可能性而非局限性。我们的灵魂智慧从来都不会问："为什么这件事会发生在我身上？"它只会问："这件事的发生对我有着怎样的意义？"

如果我们每天都坚持记录涂鸦日记，将会找到以上问题的答案。涂鸦日记会为你揭示隐藏在一切行为、经历及感受背后的生命课题。涂鸦日记是我们踏上纯真之旅的第一步，也是我们重新发现情感智慧的第一步，从这一步开始，我们将不再有罪恶、羞愧的感觉及道德评判（见图 1-7）。

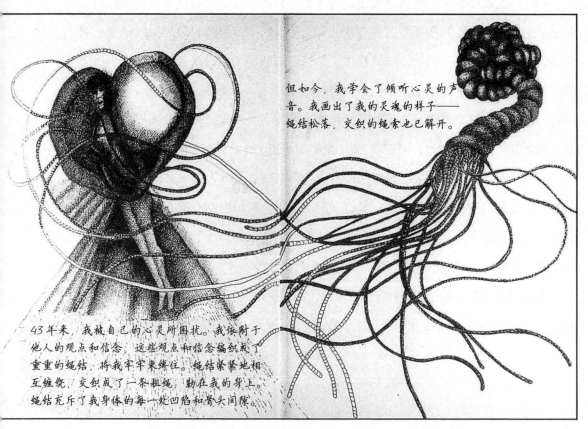

但如今，我学会了倾听心灵的声音。我画出了我的灵魂的样子——绳结松落，交织的绳索也已解开。

43 年来，我被自己的心灵所困扰。我依附于他人的观点和信念，这些观点和信念编织成了重重的绳结，将我牢牢来缚住。绳结紧紧地相互缠绕，交织成了一条粗绳，勒在我的身上。绳结充斥了我身体的每一处凹陷和骨头间隙。

图 1-7 《联结我的心灵》，来自芭芭拉·加宁的涂鸦日记

第二章

开启美妙的涂鸦之旅

我的图画就是我的日记。

——爱德华·蒙克（Edvard Munch）

　　运用形象化的图画记录日记是一次私人旅程，它将带你重新发现真实的自我，其中充满了冒险、乐趣和笑声。之所以将其称为"重新发现真实的自我"，是因为在此过程中你会发现，关于你自己、你的本性、你的愿望和梦想的领悟其实都似曾相识，它们就像你一直知道却忘记的知识。事实上，你始终都了解自己及自己人生目标的全部内容，只不过这些内容隐藏在了你的内心深处。

　　我们相信，这种关于灵魂的知识是一种永恒的指引系统，它的意义在于引导我们经历生活，进而超越生活；它还能够照亮我们前行的道路，为我们指明方向。与任何一种指引系统一样，它会在危险临近或机会降临的时刻向我们发出信号，提醒我们注意。但如果发送信号的通道堵塞，我们将无法接收到任何提示。而这就是我们大多数人正在经历的事情。我们之所以接收不到内心发出的信号，是因为忽视了内心的信息通道——我们的情感与情绪。接下来，我们将带领你进入涂鸦日记之旅，它将帮助你重新打开这个被堵塞已久的通道（见图 2-1）。

图 2-1 《阻塞的感觉》，来自阿黛尔·卡博夫斯基的涂鸦日记

荣格的影响

涂鸦日记开始于荣格的早期研究工作。荣格每天都会在日记中作画。他先是在日记本上画一些小圆圈，因为他觉得这些圆圈符合自己当下的心境。荣格相信，这些图画是内心世界的真实表达，是一种神圣的符号，能够指引他抵达更高层次的自我。

为涂鸦之旅做准备

在踏上任何旅程前，你都要做好充分的准备。本章将帮助你做好涂鸦日记之旅的准备工作，我们希望这能够帮助你养成与内心对话的好习惯。首先，我们会给你一张需要准备的材料的清单。其次，我们会给你一些建议，以帮助你建立自己的涂鸦日记工作室。最后，我们会带领你学习记录涂鸦日记的四个基本步骤——在接下来为期六周的课程里，这四个步骤大有用途。这四个步骤都很简单，一旦你掌握了，它们将成为你在涂鸦过程中的本能反应。

需要购买的材料

在整个涂鸦日记之旅的准备过程中，购买美术材料是最让人愉悦的部分。如果你手上没有这些材料的话，需要去商店购买。艺术用品商店是一个令人兴奋的地方，你甚至会爱上这里。如果这是你第一次进入一家艺术用品商店，你会发现纸张、铅笔、钢笔、画笔、粉笔、蜡笔、色粉笔和颜料的类型非常多，远远超出了你的想象。所以，不要太过兴奋或乱了手脚，否则你可能会想要买下整个商店。为了帮助你抵制诱惑，我们列了一张精简的购物清单，你只需要照这个清单购买即可——在课程刚开始的时候，你只需要很少的材料（见图 2-2）。我们建议你将一些可选材料留到以后再购买，那时，你可能已经做好了准备，可以练习一些其他类型的绘画了。

- 一本 28cm×36cm（或更大）的空白画簿，既可以是用硬皮纸装订的绘画本，也可以是螺旋装订的素描簿（只要纸张质量不错且装订完好即可）
- 一盒彩色粉笔（颜色种类越多越好）
- 一盒彩色蜡笔（越大越好）
- 各种颜色和不同笔尖型号的记号笔
- 一卷纸巾

接下来的这张清单包含了一些额外的材料，它们可以让你的涂鸦日记更加丰富多彩。

- 一盒水彩颜料和不同型号的水彩画笔
- 一盒 12 色或 24 色的彩色铅笔
- 白色或透明胶带
- 几瓶不同颜色的金葱粉

图 2-2　来自芭芭拉·加宁的插图

- 修正带

- 剪刀

- 各种颜色的蛋彩画颜料或丙烯酸颜料

- 各种型号的画笔

建立涂鸦日记工作室

在理想情况下，涂鸦日记工作室应该是一个当你记录涂鸦日记时不会受到外界打扰的地方。持续的干扰会使你无法集中注意力，而专注是记录涂鸦日记的必要条件。此外，你所选择的地方应该能让你感到安全、舒适和平静，并且在某种程度上与外界隔绝，以确保你的隐私不会受到侵犯。还有一点很重要，你要把自己的涂鸦日记和美术用品放到一个隐蔽的地方，以防被他人破坏，这样等你下次再使用的时候，就能很容易地将它们找出来，这对你来说是非常有益的。你的涂鸦日记工作室可以是卧室的一角，或者院子里的一处树荫下，当然也可以是你为了记录涂鸦日记而专门寻找的独立房间。与完成涂鸦日记的地点相比，你在涂鸦过程中感受到的情绪才是最重要的。

在选定工作室的地点后，你可能想要在里面放置一些私人物品。例如，你珍藏了多年的具有特殊意义的纪念品，或者一些与你的自我探索之路相关的物品。这些物品可能是一些旧家具、儿时的玩具，也可能是你的家族纪念物，抑或某个对你有着重要意义的人的照片。请把这些物品摆放在工作室，它们也许能带给你安慰和灵感。

　　我们工作坊的一位学员用了一周的时间寻找和布置自己的涂鸦日记工作室。"这周我没有记录涂鸦日记。"她带着歉意对小组的成员说道，"我的时间都用来寻找和布置我的工作室了。有一个可以独处的地方真是太重要了。"接着她又补充道："在布置工作室的过程中，最让我开心的是我找到了一张很旧的绘画桌。这张桌子是姑姑留给我的，她生前是一位画家。我把这张桌子放在工作室，并对它的表面进行了修整。在这张桌子上画画让我觉得姑姑依然陪伴在我身边，而且她的艺术精神也在我身上得到了延续。"

　　在布置工作室的时候，你可以尽情地享受其中的乐趣，但要记住，你是在创建一个舞台。只要踏上这个舞台，你便进入了另一种状态，就像帷幕拉开，演员在舞台上现身一样。所以，在你选定一个工作室并将物品摆放进去的时候，要确保你设计的环境有助于你进行内省和自我探索。

　　每个人都会设计属于自己的独特舞台。我们的一位学员喜欢播放一段独特的音乐，这让他觉得自己好像从平凡的空间和时间里抽离了出来；另一位学员总是会带一瓶鲜花到她的工作室；还有一位学员喜欢用自己折叠的纸杯盛放涂鸦所需的颜料或沙子。我们建议你花点时间想一想，对你来说真正重要的是什么，能够使你专注地沉浸于内心世界的是什么。请用各种能够触动你情感的物品来装饰工作室，这样可以使你的情绪得以流动，也正是在这种流动中，你的内心才能开口说话。

　　一位学员将她的衣帽间布置成了工作室。另一位学员则将阁楼的一角改造成了工作室，这个地方很吸引她，因为这里有一扇很大的窗户，透过这扇窗户可以看到黄昏时的天空。在她第一次来到阁楼时，里面遍布蜘蛛网，并且摆满了装着餐具的箱子，箱子的中间放着一把布满灰尘的破旧的椅子，椅子上堆满了旧毯子和被子。她清理了蜘蛛网，并把毯子捐给了附近的动物收容所。她把其中一床被子铺在了椅子上，把另一床被子铺在了椅子下面的地板上。她还从阁楼的其他地方找到了一个床头柜，在清理完后把母亲编织的台布罩在了上面。她在床头柜上摆放了蜡烛、香薰灯及水晶饰品。她给儿子新买了一台 CD 机，自己则用他的旧录音机录下了观想引导语和轻柔的音乐。经过改造后，原来破旧的阁楼变成了一间让人精神舒缓的工作室，最重要的是，建立这样一间工作室完全不会影响其他家庭成员的生活。

　　尽管能有一个独特的地方进行涂鸦日记的创作是一件值得高兴的事，但这样的地方也并不是绝对必要的。我们的工作坊里有一位学员，她因从事销售工作常常外出，于是她买了一本日记本放在自己的包里。她觉得这种做法棒极了，因为这样一来她就可以在任何空余的时间记录涂鸦日记，不管在车上还是在酒店里。

记录涂鸦日记的四个基本步骤

　　如果你已经准备好了基本的材料，并且建立了自己的工作室，那么就可以运用记录涂鸦日记的四个基本步骤开始练习了。这四个步骤都极为重要。不管你多么想要跳过这一节直接开始，都请你克制住这种急于求成的心理。在每次记录涂鸦日记时，你都会用到这四个基本步骤。它们看起来很简单，但在实践中却至关重要。所以，我们建议你仔细阅读每一个步骤，并认真做好附在后面的练习，因为从下一章开始你将进入为期六周的课程学习。如果之前你从未使用过绘画材料，那么对你来说，彩色粉笔会是一个不错的选择。

第一步：设定意图——你想要从涂鸦日记中获得什么

在每次开始记录涂鸦日记前，请设定一个意图表明你想要从中获得什么，这一点非常重要。意图为你计划做的事情指明了目的、原因和方向。在你设定好意图后，大脑会向你的身体发出信号，让你的身体知道在你所有的行动背后都有明确的目标。你的身体也会反过来对这一信号做出回应。当我们对意识思维或道德判断发起挑战时，意识会对我们的行为进行抵抗和干扰，而设定一个明确的意图有利于我们应对这一状况。

在设定意图时，有一点非常重要：你不仅要明确自己想要什么，还要明确自己不想要什么。比如，某天你遭遇了一件不愉快的事，而你的意图就是要表达出内心对此事的真实感受，那么，你会向你的身体、心理、精神明确地传达一个信息，即你不想要左脑的道德判断干扰你的表达。

在开始绘画前，你要组织语言来表达你的意图，并将它们写在日记本上，这样你在记录涂鸦日记时就会有一个清晰的脉络。并且你还能够借此绕过左脑的道德判断，清理身体－大脑的神经通路。如果你想要亲近自己的情绪和情感，这个步骤非常关键。

你可以采取多种方式设定意图。随着对涂鸦日记课程学习的不断深入，你很有可能开发出属于自己的方法，这种方法也许非常简单。例如，如果你是在晚上记录涂鸦日记，那么你可以闭上双眼对自己一天的活动进行回顾；如果你是在早上记录涂鸦日记，那么你可能想要表达当天早晨的感受或昨日遗留的挥之不去的情绪。当专注于某种情绪或某个事件时，你可以将自己的意图写在日记里。例如，"我与领导发生了争执，我希望知道我的内心对此事的真实感受。""我想要知道，当我看到母亲时，为什么会感到焦虑不安。"

你完全可以自己决定在日记本的什么地方写明意图。有些人喜欢在图画页的前一页写意图，有些人则更喜欢将意图写在图画页的背面。我们建议你将意图写在靠近图画的地方，这样在未来的某个时刻回顾图画时，你就能轻易地知道自己画了些什么。

你也可以通过一些具有仪式感的行为来设定意图。例如，苏珊在设定意图时的准备工作就包括点燃一支蜡烛并进行一系列深呼吸。然后，她会写下自己始终如一的意图：亲近最神圣的自己，聆听内心的智慧。接着，她会坚定而大声地说出自己的愿望：接受"穿越万物的精神"的指引。如果你想要做出类似的陈述，但又觉得"精神"一词并不适合自己，你也可以用其他契合自己信仰的词语。当你使用这类精神宣言时，就是在强化一种思想：所有的创作本质上都是一种共同创作——是自己与一种更高层次的精神力量的合作。

所以，如果你准备好了，请闭上双眼，做一次缓慢的深呼吸，并问问自己这次涂鸦日记练习的意图。现在，请放松，等待一段时间让答案自己浮现出来。不要担心，答案一定会出现。当你知道自己的意图后，请把它写在日记本上。

意图示例

下面这些示例是我们的学员在记录涂鸦日记的过程中设定的意图。

- 我想要和胃里的那种紧张感进行接触。

- 我想要各种意象在心中自由流动。

- 我的意图是了解自己突然出现的情绪波动。

- 我的意图是领悟心灵的真相。

- 我想要画出我最近所感受到的喜悦与平静。

- 在课程刚开始时，我感到很羞怯，我想要找出这种羞怯的来源并将它画出来。

- 我想要理清自己对未婚夫的感情。

图 2-3 是我们工作坊一位学员的涂鸦日记，它是一个很好的示例，向我们表明了绘画的意图可以如此简单、直接。这位学员的意图就写在图画的顶部："我想要知道自己今天的感觉如何。"在小组中，她向其他成员表示，她的内心告诉自己，她感到非常焦躁，但是她不知道这意味着什么。她无法接触到这种焦躁感受的感应区，她的目的是捕获这种焦躁感在身体和右脑所唤起的意象。

图 2-3 工作坊一位学员的涂鸦日记

第二步：让思维平静——将意识聚焦于身体

如果你已经完成了第一步，那么就说明你已经准备好开始第二步了。内心的声音就依附在你的情绪和情感上，为了同它们取得联系，你必须同自己的思虑相分离，即让思维平静。大多数人常常会感觉到，我们的思虑不过是大脑的喋喋不休，而这种喋喋不休让我们无法感知身体内部的变化。只有和自己的身体取得联系，你才能亲近自己的情绪及与这种情绪相关的意象，因为任何一种情绪都是由生理感觉表达出来的，而任何一种生理感觉又都有相应的意象。因此，为了获取内心的语言，你必须让大脑中的语言区安静下来。要达成这一目标其实并不难，方法就是我们所说的"将意识聚焦于身体"。

将意识聚焦于身体就是借助呼吸和简单的观想引导，将注意力从思维转移到身体的特定部位。这个练习其实与生活中的一些自然反应一样，比如，当我们不小心碰到脚趾或出现瘙痒的感觉时，注意力就会立即转移到身体的相应部位。

请你依照以下引导语进行练习或用手机扫描旁边的二维码边听边做（音频与文字并非一一对应，下同）。

将意识聚焦于身体的练习

- 找一张舒适的椅子坐下，闭上双眼。做三次深长而缓慢的呼吸，将注意力集中在胸腔的起伏上，感受空气在肺部的进出。现在，再做三次深呼吸，想象自己吸入光线，并且呼出了一种颜色（什么颜色都可以）。再做三次深呼吸，同样想象自己吸入光线，并且每次呼气都呼出了一种颜色。每次呼气时都感受到身体很放松。继续吸入光线并呼出颜色，直到一切都让你觉得自然而舒适。

（仅供参考）

- 现在，正常呼吸。当你这样做的时候，让自己的注意力从呼吸上转移开来，让它移到任何能引起你注意的身体部位，这个部位可能是一个你觉得紧张或不舒适的地方，也可能是一个你觉得特别放松和舒适的地方。如果你找不到任何特别吸引你的身体部位，请让你的意识进入内心，或者其他任何你希望放置意识的部位。

- 当意识进入身体的某个部位后，将你的注意力聚焦在那里。你的感觉如何？你能想象身体这一部位的样子吗？

运用将意识聚焦于身体的方法，能够使思维平静下来，并进入一种非凡的存在状态。在这种状态中，你能够用内在视觉观察一切。涂鸦日记的第三步将带你深入这种体验。通过观想引导，你将会获得内心语言的图画。

第三步：观想引导——使用内在视觉观察事物

我们都有通过内在视觉观察事物的能力。当我们在白天幻想或夜晚做梦时，就是在观想一些场景。同样，当我们思考某种观念或感受某种情绪时，也是在进行观想。对大多数人而言，这些内在意象往往被忽略了。早期的条件作用教会了我们忽视图画感觉，并依赖左脑对我们的情感进行言语诠释。但是，在一些特殊情形下，这些图画信息会以直觉的形式干扰我们对信息的自动筛选过程。也许最近就有过直觉告诉你某件事即将发生的情形，回想一下当时的情景，是否有一个场景或一副图画在你的内在视觉里闪现？这便是你内心的信息。

在之前的练习中（将意识聚焦于身体），需要你专注于某种感受。而在第三步中，需要你想象一下，如果你专注的那种感受是一幅图画的话会是什么样子。在这幅图画中，可能是一些能够被辨识的实物，如一座山、一张脸或一把摇椅；也可能是一种完全抽象的东西，如一条曲线或一个泼满各种浓重色彩的圆圈。无论图画是什么，它看起来像什么，或者其他人知不知道你画的是什么，这些都不重要，重要的是你的画所代表的含义，这就是你需要知道的全部。

请你依照以下引导语进行练习或用手机扫描旁边的二维码边听边做。

使用内在视觉观察事物的练习

- 再次闭上双眼，做几次深呼吸，将注意力集中在胸腔的起伏上。当你觉得与身体建立联结时，让意识回到上次练习中你所聚焦的身体部位。集中注意力，感受这个身体部位的生理反应。

（仅供参考）

- 想象一下，如果这种感觉是一幅图画的话会是什么样子。如果没有视觉或观念的图画浮现出来，那么可以尝试用色彩、形状或形态来表达你的感觉。

人们如何观想图画

我们工作坊的学员常常会担忧甚至畏惧在闭上双眼的那一刻看不到任何东西。你可能也有同样的感受。请不要担心，每个人感受内在意象的方式不一样。有些人虽然看不到图画、形状或颜色，但他们能感知到它们。对另外一些人而言，特定的形状或颜色可能只是在他们的意识中闪现一下，它们更像一种思维印象或观念，而非真实的画面。

你可以试试下面的小实验，将有助于你了解自己是如何感知内在意象的。

- 在桌子上摆放一张画纸（最好是一张废纸）及一些粉笔、蜡笔或彩色记号笔，闭上双眼并想象一艘帆船。

- 现在睁开双眼，然后把帆船画下来。

为了了解自己的观想方式，请思考以下问题。

1. 这艘帆船是否只是以图画或图片的形式在你的内在视觉里闪现了一下？

2. 你是否只是感觉到了这艘帆船的样子？

3. 在作画时及完成绘画前，你是否根本不知道这艘帆船是什么样子？

以上是人们在接受引导时最常见的三种观想方式。你的想象更接近哪一种方式？或者观看帆船的方式并不重要，因为最终的结果都是一样的——你仍能与右脑建立联结，不论你是否看到和感受到图画，或者你只是自发地画出了它。

你可能已经尝试了以上三种方法，并探明了哪一种方法更适合自己。但请记住，在你与内在意象接触的过程中，最重要的一点是要信任自己获取它的方式。如果你闭上了双眼，却什么都没有出现，也请不要灰心或放弃，你只需要在纸上做些记号即可，你的图画最终会出现。练习观想的次数越多，你与内在意象的联结就越强。

第四步：画出你的内在意象

这是四个基本步骤的最后一步，它会教你如何将身体－大脑的内在意象用图画表达出来。请你依照以下引导语进行练习或用手机扫描旁边的二维码边听边做。

- 将日记本摆在你的面前，打开写有意图的那一页。闭上双眼，想象你在第三步中观想到的图画，或者能够表达你情绪、感受的颜色或形状。现在睁开双眼，画出观想到的图画、形状或颜色。

（仅供参考）

你刚刚完成了自己的第一篇涂鸦日记，是不是非常简单？现在，请你把涂鸦日记放在地板、桌子或椅子上，然后退后一点，这样你就可以从稍远处观察它了。接着，请坐下来，花一点时间好好观察它。你觉得这幅画奇怪吗？你是如何观想它的？当你用内在视觉观察它时，它还是一幅图画吗？你感知到了什么？在你开始作画时就已经知道它会成为什么样子吗？如果你阅读了上述内容，就会知道它们是人们观想内在意象的三种主要方式。在这三种方式中并不存在唯一正确的方式，不论你习惯用哪一种方式，它都是正确的。

不要评判你的观想意象或画作

注意，在观想或绘画的过程中，不要去评判你的所见所感，因为这会让你重新回到左脑的思维模式中。如果在观想的过程中，你感觉理性判断占据了上风，那么你要告诉自己不要被理性思维干扰，要重新把注意力集中在呼吸上，然后再将意识转移到你之前所专注的身体部位上，继续你的观想。如果你在作画的时候受到了理性判断的干扰，那么请闭上双眼，重新和身体及内在意象建立联结，然后再睁开双眼开始画。

如果你仍感觉到自己在评判或质疑图画的色彩或内涵，那么请用你的非惯用手绘画，这会让你不再担忧画作的样子。在这种情况下，你会自然地回归到右脑的控制，而右脑是不会对你的作品做任何理性评判的。

有些人可能会怀疑自己能否长期坚持记录涂鸦日记，还有一些人会担心或忧虑自己与内在意象建立联结并将它们画出来的能力。不论你心存何种疑虑，我们都建议你相信涂鸦日记课程并坚持下来。我们相信，在进行了几次尝试后，记录涂鸦日记会成为你一天之中最兴奋的事情，你会期待并珍惜记录涂鸦日记的时间。彩笔在日记本上画出的每一笔及各色颜料的使用都是充满意义的，最终，记录涂鸦日记会成为你无法抗拒的诱惑，因为在此过程中你接触到了生命的根源——自己的灵魂。

到这里，你为记录涂鸦日记所做的准备工作就全部完成了。现在，你可以进入下一章的学习，开启探索内心世界的美妙旅程。

第三章

让涂鸦日记成为每天的必修课

我很难进行传统的冥想……对我而言，绘画就是冥想。它是心灵赐予我的礼物，是帮助我在生命的旅程中前行的工具……可以让我体验发现真我的快乐。

——珍妮·普罗姆（Jeanne Prom）

六周涂鸦日记课程导读

科学研究表明，冥想和艺术创作对人们的身体具有一些相同的功效：它们能够改变脑电波的频率并诱导出 α 波，使人进入深度放松的状态。如果把记涂鸦日记变成一种习惯，它不仅会成为自我表达和自我探索的最佳途径，还能够让人保持心情平静，即便在生活中遇到了引发强烈情感冲突的事件（见图 3-1）。

为了帮助你把涂鸦日记变成每天的必修课，从而彻底改变你的生

图 3-1　《信任恐惧》，来自
萨布拉（Sabra）的涂鸦日记

活，我们精心为你安排了本书的各个章节。从本章开始，你将开始学习为期六周的涂鸦课程。每章都有一个重点，它会促使你进入更深层次的自我探索阶段，与此同时，你对图画的表达和领悟能力也会不断地提升（见图3-2）。

图3-2 《隐藏真实自我的面孔》，来自波基塔·格林姆（Birgitta Grimm）的涂鸦日记

"这幅画向我说明了一切：我把真实的自己隐藏得很深，没有人能够发现它。我要给予它安宁，让它远离周围暴风骤雨般的批评。"

　　这并不意味着在六周课程结束后，你就能学到所有你需要知道的与自己有关的知识，并且以后再也不需要记录涂鸦日记了。与其他任何形式的日记一样，记录涂鸦日记应该是持续一生的活动。它是你亲近内在自我、聆听内心声音的桥梁。我们设计六周课程的目的是向你提供一个模型，帮助你将记录涂鸦日记变成日常活动。当你摸索出记录涂鸦日记的最佳时间和地点时，你将会制定适合自己需要的固定时间表。

　　在创办涂鸦日记工作坊的时候，我们建议工作坊的学员每天抽出 10 分钟至 1 小时的时间记录涂鸦日记。然而，我们很快就发现，能够做到这一点的人屈指可数。现在，我们建议你在这六周的学习时间里，要保证每周至少记录三次涂鸦日记。这是我们在过去的几年中，从那些最初雄心勃勃地计划着每天记录涂鸦日记的学员身上得出的结论。设定一个适度的、比较容易达成的目标，显然要比设定一个不切实际、难以坚持的目标好得多。一些人在未能达到自己最初的预期后会变得非常沮丧，他们甚至会放弃记录涂鸦日记。记录涂鸦日记的目的是为了帮助你减轻压力，并非让你受挫。

第一周：亲近并表达你的情绪

　　在第一周的时间里，当你坐下来记录涂鸦日记时，你的学习重点应该是借由图画这一内心语言亲近和表达自己的情绪和感受。我们将这种起始练习称为"签到"。在为期六周的学习中，不管每周的学习重点是什么，我们都希望你每周至少签到一次。对那些在六周课程以后继续记录涂鸦日记的人，我们希望你们能坚持签到，这会成为你们记录涂鸦日记活动中的一个重要事项。它不仅可以使你了解自己在特定时刻的感受，还能够帮助你聚焦于特定的生活事件或问题，并辨明它们带给你的情绪属于何种类型（见图3-3）。

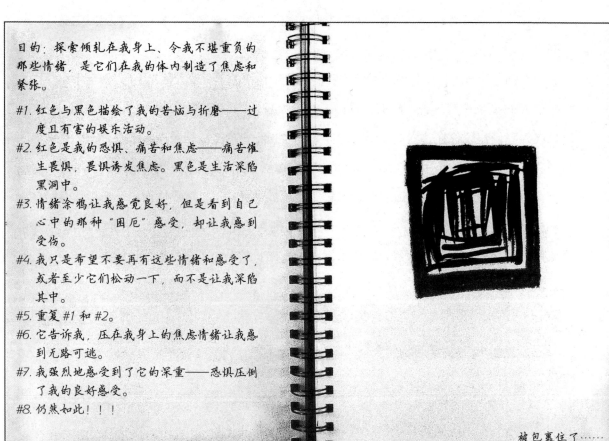

目的：探索倾轧在我身上、令我不堪重负的那些情绪，是它们在我的体内制造了焦虑和紧张。

#1. 红色与黑色描绘了我的苦恼与折磨——过度且有害的娱乐活动。

#2. 红色是我的恐惧、痛苦和焦虑——痛苦催生畏惧，畏惧诱发焦虑。黑色是生活深陷黑洞中。

#3. 情绪涂鸦让我感觉良好，但是看到自己心中的那种"困厄"感受，却让我感到受伤。

#4. 我只是希望不要再有这些情绪和感受了，或者至少它们松动一下，而不是让我深陷其中。

#5. 重复#1和#2。

#6. 它告诉我，压在我身上的焦虑情绪让我感到无路可逃。

#7. 我强烈地感受到了它的深重——恐惧压倒了我的良好感受。

#8. 仍然如此！！！

被包裹住了……

图3-3　签到图画《被困》，来自萨布拉的涂鸦日记

签到是让你定期与自己的情绪保持接触的最佳方式。大多数人都忙于工作和家庭事务，而遗忘了自己内在的情绪和感受。我们必须始终牢记，当我们的生活、思维和行动失去平衡并需要我们加以注意时，我们的情绪正向我们发出警示信号。与一些人想当然的想法相反，无视自己的情绪和感受并不能让它们消失。它们会集聚、溃烂，并最终以一种更加不可控的形式爆发出来，如抑郁症或身体疾病。未能消解的情绪会一次又一次地提醒我们注意，最后获胜的始终是它们。在出现疼痛、压力感和不适情绪时，坦然面对它们才是保持身体健康和精神安宁的正确方式。

长期保持记录涂鸦日记习惯的小窍门

几乎所有人在开始记录涂鸦日记时都会问两个问题。

1. 我平时已经很忙了，该如何挤出时间记录涂鸦日记？

2. 怎样才能让自己遵守时间安排？

那些长期坚持记录涂鸦日记的人为我们提供了答案，他们中的大多数人都是在反复试错后才找到了适合自己的方法。下面这些小窍门让他们养成了记录涂鸦日记的好习惯，其中有很多人已经坚持好几年了。

- 思考一下，在一周里你都有哪些日程安排；然后从一天中挑选出一个时间段，在这个时间段里你要留出 1 小时的独处时间。为此，你可能要和家人进行沟通，确保他们不会在这段时间打扰你。

- 那些能够长期遵循自己时间安排的人，通常都会选择在家人睡觉的时候记录涂鸦日记。

- 把记录涂鸦日记想象成外出参加固定课程。如果是这样的话，你需要做些什么才能确保自己按时参加课程？雇一名保姆？果真如此，请在计划进行涂鸦日记的 1 小时里，找一个人来当保姆。在一周中，你是否有几天可以提前下班，然后利用这些时间记录涂鸦日记？如果不可以，你能否在午饭时间找一处私人空间记录涂鸦日记？

- 规划出 1 小时的时间记录涂鸦日记，即便你并不需要这么久——至少在时间表上，你要预留 1 小时的时间。

- 你可能需要做以下一些事情，以确保自己不会受到打扰。

  ✧ 将手机设置为静音。

  ✧ 在房门上悬挂"请勿打扰"的牌子。

  ✧ 选择一天之中你最不会被打扰、最不容易分心的时间段，如睡觉前或清晨家人起床之前。

  ✧ 用宣言或祷告的形式设定一个明确的意图，强化你不被打扰的愿望。

- 当你的思维还沉浸在其他事情中时，不要尝试记录涂鸦日记。

- 如果你总是有其他事情要做，那么你要明确记录涂鸦日记对身心健康的重要性。如果你认为记录涂鸦日记和做其他事情一样重要，请按照每件事完成的先后顺序列一张计划表，并保证自己遵守时间安排。

- 在规划时间表时，确保你的安排是合理且切实可行的。

- 时间上的一致性有助于你贯彻自己的涂鸦日记安排。所以，如果可能的话，在每周同一天的同一时间记录涂鸦日记。

- 如果在记录涂鸦日记的时候，你突然想到自己忘记了做什么事或需要做什么事，那么请将它记下来，并允许自己在完成涂鸦日记之后再去做这件事。如果这件事非常紧急，需要你立刻完成，那就去做吧，但你必须向自己保证，在下次记录涂鸦日记时会全身心地投入。

- 尽可能地遵守时间表，但如果发生了不可预见的事情，也不要自责，最重要的是让自己尽快回到时间表中。如果你的时间表并不那么切实可行，你需要重新规划它。

- 要认真对待记录涂鸦日记这件事，相信它能够改变你的生活。

- 组建涂鸦日记互助小组可以帮助你坚持记录涂鸦日记。在本书的最后一章，我们将会告诉你如何组建这样的小组。

- 要像守护亲密的朋友或爱人那样守护你记录涂鸦日记的时间。这样你自己就是那个你腾出时间加以守护的人。

- 保证时间安排的一致性，养成规律的生活习惯。

- 识别你的潜意识阻抗。如果你在服从时间安排上遇到了麻烦，如果你不断地想起其他更为重要的事情，如打扫房间、购买商品、遛狗或给花园除草，那么你的潜意识就是在阻抗你的行动。如果有这种情况发生，你要面对自己的阻抗——使用涂鸦日记来表达你对阻抗的感受；或者询问自己的内心，找到一个可以帮助你克服这种阻抗的符号。

　　签到和本书中的其他练习一样，要依照前一章介绍的四个基本步骤进行。但是，本书中的各项练习并不完全相同。每一个练习都有特定的目的，探索的是情绪本质的不同方面。本章包含了三种不同类型的签到练习，我们希望在日后的涂鸦日记活动中，签到能成为你始终坚守的仪式。

　　第一种类型的签到与第二章中的观想引导非常相似。和其他练习一样，在这项练习后有一组自我探索问题，以帮助你领悟涂鸦日记的内涵。之后的两种签到练习会将一些动作和声音纳入四个基本步骤中。我们设计这两种练习是为了帮助那些仅仅借由呼吸和观想无法与自己的身体及情绪建立联结的人。即便你现在认为动作和声音的练习并不能吸引你，我们仍建议你在尝试后再决定哪种类型的练习更适合你。你可能会从中发现惊喜。如果你计划在一周内记录三次涂鸦日记的话，这三种类型的签到练习就是你第一周课程的全部内容；如果你在记录了三次涂鸦日记后仍意犹未尽，那么你可以随意重复其中任何一个练习。

你的身体不会撒谎

在进行签到练习的过程中，如果你在练习开始前就已经知道自己的感受，可以将它写进你的意图中，如"我的意图是探索我的愤怒情绪"。但如果你无法分辨自己的情绪，也不必担心，当你能够接收到身体的信号时，它自然会告诉你。在进行练习时，不论身体的哪个部位吸引了你的注意，它都是在向你表达某种情绪或感受。你的身体不会撒谎，它会先于你的大脑感知情绪的发生。

每种情绪的产生都始于一种生理感觉，之后它才会被我们的左脑或言语思维解释为一种情绪或感受。所以，如果你的注意力是被腹腔神经丛——胸骨下方的区域——所吸引，并且这个身体部位有一种不适的感觉，如肌肉绷紧，那么就说明你身体的这个部位存在着某种情绪或感受。它可能是愤怒、恐惧、忧虑或内疚。在观想这一紧张感的图像并将它画在日记本上的过程中，你会对这种情绪有一个初步的认知。但是，只有在完成自我探索问题后，你才有可能确切地把握它。

随着你与自身的沟通越来越熟练，整个感知过程——定位身体的感觉发生区，获得情绪的内在意象并识别这种潜在的情绪——会越来越顺畅。

在感觉良好的时候也不要忽视签到

很多学员都会这样问我们，在他们感觉良好的时候，是否仍有必要进行签到练习。每次我们都很肯定地回答他们："是的！"在心情愉悦时表达情绪与在心情糟糕时表达情绪同样重要。为什么这么说？这是因为如果你知道哪些图画与愉悦、幸福及满足相关，你就可以在自己悲伤或沮丧的时候，利用这些图画来驱赶负面情绪（见图3-4）。

图3-4　签到图画《平静》，来自工作坊一位学员的涂鸦日记

记住，身体-大脑对图画含义的反应非常迅速，而它对言语含义的反应则要慢一拍。所以，在你觉得失落的时候，只需翻出旧日记，找出与愉快情绪相关的图画。仅仅是看着它，也许就足以鼓励你的身体-大脑振作起来。

做好涂鸦前的准备工作

学会利用音乐。在阅读引导语或播放本书提供的音频时，你可以加一些背景音乐，以帮助自己达到深度放松的状态。而在绘画时播放轻音乐，则可以帮助你保持注意力集中。重要的是，不要选择那些带有歌词的音乐，因为歌词会让你的意识重新回到左脑的言语思维中。当然，有些人可能听任何音乐都会分神，如果你属于这类人，那么最好选择在安静的状态下记录涂鸦日记，或者找一些大自然的声音来替代，如海浪声、小溪潺潺的流水声、雨轻轻飘落的声音或者鸟儿的鸣叫声。在找到合适的背景音乐或声音前，你可以做各种各样的尝试。

摆放好绘画材料。在开始练习前摆放好绘画材料，这样在开始绘画后就不会破坏在观想阶段所达到的深度放松状态。

适于初学者使用的绘画工具。在刚开始学习涂鸦日记的时候，我们不建议你使用铅笔、细头记号笔和墨水钢笔。使用粉笔、蜡笔和宽头记号笔可以让你在放松的状态下画出富有表现力的作品。那些粗犷而肆意的线条、图形和颜色，往往比那些紧凑而细致的图画更能展现出一个人最本真的情感。因此，在开始的时候，尤其在你对这些绘画工具还不是很熟悉的时候，请逐一尝试我们推荐的上述三种工具，从中找到最适合你的那一种。在逐渐熟悉了涂鸦日记的步骤之后，你就可以尝试其他材料了，如水彩、丙烯酸颜料、美术拼贴甚至是混合画法。在上一章中我们列出了学员们喜欢的各种不同类型的绘画工具，并且描述了这些工具是如何帮助他们表达不同情绪的。

写明你的意图。我们建议你在一面纸上写明意图，在下一面纸上绘画。当你在数天、数周甚至数月后再看这些图画时，那些写在图画附近的意图会使你非常容易地记起它们的内涵。并且在每次练习之后你都要回答与之相关的自我探索问题。分别在相邻的两面纸上写意图和绘画，比在同一面纸上能够给予你更多的空间，也便于你写下自我探索问题的答案。同样，当日后回顾自己的涂鸦日记时，如果所有的信息都在一起，你的回顾也会更加顺利。

为日记标明日期。为日记标明日期是明智之举，这样无论何时你都可以知道在你人生的某个特定时期究竟发生过什么。

练习 1：签到

书中的一些练习可能要花费你 1 小时甚至更长的时间，这取决于你所画的具体内容。然而，签到与这些练习不同，它并不需要你花费那么长的时间。当你看到用蜡笔、粉笔或记号笔勾画出的寥寥数笔就能帮你辨清情绪的含义时，你会意识到自己的涂鸦作品与那些细节丰富、技巧纯熟的画作的内容同样真实。

一些学员告诉我们，与每周用 1 小时记录涂鸦日记以便让自己的画作更加丰富、细致相比，他们更愿意在每晚睡觉前用 5 ~ 10 分钟完成一次快速签到。这能够让他们了解自己的感受，尤其在当天他们经历了一些难堪或紧张的时刻后。他们还表示，完成之后他们的心情和睡眠都变得更好了，因为他们表达并排解了自己背负了一整天的情绪。

当你准备好开始自己的第一次签到练习时，请打开你的日记本，翻至相邻的两面空白页，并依照以下引导语进行练习或用手机扫描旁边的二维码边听边做。

- 在其中的一页纸上写明意图，它应该在某种程度上表明你发掘当下情绪或感受的愿望。

（仅供参考）

- 接着闭上双眼，做几次深呼吸，把注意力集中在身体上。在呼吸的时候感受胸腔的起伏。持续地进行这些动作，直到你感觉已经和自己的身体建立了联结。

- 让意识转移到任何能引起你注意的身体部位。这个部位既可能是你觉得不适或疼痛的地方，也可能是你觉得温暖且舒适的地方。

- 当你的意识转移到了特定的身体部位后，集中注意力感受这个部位带给你的生理感觉。

- 现在想象一下，如果这种生理感觉是一幅图画的话，它应该是什么样子。用什么颜色、形状或形态可以最好地将其表现出来？如果此时你内心平静且又有足够的耐心，那么某个画面、形状或形态就会自然浮现出来，它可能是你的内在视觉观想到的图画，也可能只是你对某种图画概念的感知。

- 在知道自己想要如何表达这种感受后，睁开双眼，然后把心中的意象画在日记本的另一页。

- 如果在观想的过程中，你没有看到或想象到任何画面，那么睁开双眼，选择一种最能代表你的感受的颜色。让画笔在纸上任意勾勒，只要你认为它能够表达你的感受即可。当你开始在日记本上画出各种符号时，请听从直觉的指引，因为它会指导你画出更多的颜色和图形。甚至在你还没有完全意识到之前，图画可能就已经完成了。

自我探索问题

在每次签到完成后，把你的画作放在地板或桌子上，花点时间观察它，然后阅读下面的自我探索问题。我们设计这些问题的目的是帮助你领悟图画和用色的含义。在阅读每个问题时，请依照直觉作答。也就是说，相信你的第一反应，不要过多地思考，不要反复琢磨，如实、自然地回答每个问题。没有人会看到你的答案，所以尽管说出真相吧！我们在此再次提醒你：只有你知道自己的图画有着怎样的含义，在阐释你的图画时，你是唯一的权威。因此，请相信你具有回答这些问题的能力，并把答案写在有意图的那面纸上。

1. 当你观察自己的签到图画时，你的感觉是怎样的？

2. 对于你的情绪或感受，这幅图画都告诉了你什么？例如，如果你的图画用色黯淡且单一，你是否有一种孤独、疏离或幽闭的情绪或感受？如果你的图画看起来很可怕，那么是否有什么东西让你感到恐惧？如果你的图画显得滑稽且色彩明亮，那么它是否预示着你现在幸福且快乐？

3. 图画的色彩给你什么样的感受？

4. 在你的图画中有什么东西让你感到不安吗？如果有，让你不安的东西是什么？在日记本中写出这些东西让你不安的原因。

5. 你最喜欢图画中的哪一部分？在日记本中写出这一部分带给你的感受。

6. 关于自身的情绪或感受，你从这幅图画中了解到了什么？

7. 这些情绪或感受是否与你当前面对的问题或担忧有关？如果是，你的问题或担忧是什么？

8. 对自身情绪或感受的了解，是否有助于你处理它们？如果是，它是如何起作用的？

图 3-5 是我们工作坊的一位学员的签到图画。日记本的左页记录了这位学员绘画的意图，而右页则是代表其情绪的图画。后来，她又在左页写下了自我探索问题的答案。

如果你发现自己很难回答自我探索问题，那么不妨花几分钟看一看萨布拉的回答。通过了解其他人是如何感受自己的图画的，有助于你在观察自己的图画时获得一些新的见解。

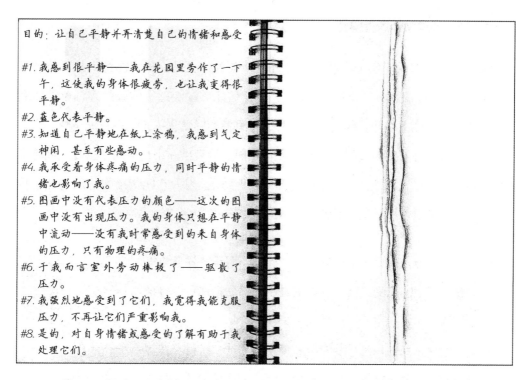

目的：让自己平静并弄清楚自己的情绪和感受

#1. 我感到很平静——我在花园里劳作了一下午，这使我的身体很疲劳，也让我变得很平静。

#2. 蓝色代表平静。

#3. 知道自己平静地在纸上涂鸦，我感到气定神闲，甚至有些感动。

#4. 我承受着身体疼痛的压力，同时平静的情绪也影响了我。

#5. 图画中没有代表压力的颜色——这次的图画中没有出现压力。我的身体只想在平静中流动——没有我时常感受到的来自身体的压力，只有物理的疼痛。

#6. 于我而言室外劳动棒极了——驱散了压力。

#7. 我强烈地感受到了它们，我觉得我能克服压力，不再让它们严重影响我。

#8. 是的，对自身情绪或感受的了解有助于我处理它们。

图 3-5 签到图画《意图：集中精神，弄清楚我的感受》，来自萨布拉的涂鸦日记

通过动作和声音获取图画

如果在练习 1 中，你发现自己很难将意识从思维转移到身体的某个部位，那么请试着接近你身体的其他感觉。下面两个练习会通过动作和声音增强你的感受性，它们也许能够帮助你亲近自己的情绪及与之对应的图画。

练习 2：通过动作亲近情绪

除了呼吸和将意识集中在呼吸上之外，移动身体也是一种将注意力从思维转移到情绪上的方法。运动是一种感官体验，而任何能够激活感官体验的东西都能将我们的注意力从思维上移开。我们不能同时进行思考和感受，二者之中只能选择一个。

在准备进行练习 2 的过程中，你需要在地面上清理出一小片空间，这片空间将会是你绘画的地方。你可能想要播放一段舒缓的音乐，因为它能帮助你舒展身体。接下来，请你依照以下引导语进行练习或用手机扫描旁边的二维码边听边做。

（仅供参考）

- 站在你进行涂鸦日记的区域附近。闭上双眼，将注意力集中在呼吸上。感受空气在肺部的进出，然后把注意力转移至双脚。

- 轻微地弯曲膝盖，然后从左至右慢慢地转动上半身。在转动身体时，双手慢慢抬高。接着，让头和肩膀跟随着身体的转动而转动。

- 慢慢地加快速度，直到胳膊和手抬起的高度与肩平行。保持这样的状态几分钟，然后慢慢地放慢速度，直到你几乎停下来为止。接着，换个方向，从右至左转动你的上半身，双手慢慢地抬高，让肩膀同身体一起转动。

- 再次放慢速度，让身体懒洋洋地移动或摆动。只要你觉得舒服，朝什么方向、以什么方式摆动都可以。让身体做主，它会告诉你它想要做什么。保持这样的状态几分钟。注意动作要缓慢而轻柔，让身体感到柔软和舒展。这种运动称为轻柔运动。

- 在你运动时，感受你对大地的眷恋——你的身体在地面上的重量。在你的手和胳膊跟随身体转动的过程中，保证运动是缓慢且舒展的。尝试记住这种运动的感觉——用内在视觉去想象这是怎样的一种感觉。

- 慢慢地将你的双手举到空中，想象它们正在按照一种不可见的轨迹运动。现在睁开双眼，保持站立，拿起蜡笔、粉笔或记号笔，按照相同的轨迹在日记本上绘画。用你画出的线条或形状作为初始标记，然后再在这个标记上继续勾勒。这些线条就是你内心感受的积极表达，而这正是我们在记录涂鸦日记时所做的事情：每一次涂鸦都是在表达你的内心感受。

- 现在，无论你是坐着还是站着，继续在涂鸦日记上添加线条、形状或图形吧！如果你愿意的话，也可以尝试使用不同的颜色，直至你感觉到有一幅图画开始在脑海中浮现。在你观察这幅图画的时候，问一问自己："这幅图画让我想起了什么？"当你能够从中辨认出图画时，可以通过勾勒出轮廓让它更加明晰、凸显。如果你在涂鸦中找不到任何可辨认的图形或形状，只需要继续画下去，为它添加更多的内容，直至你认为已经完成了绘画。这幅图画会告诉你，你应该在什么时候停下来。

在完成绘画后，回到第 60 页的自我探索问题，看看这幅图画告诉了你什么。

图 3-6 是卡罗尔·伊萨卡（Carol Issaco）的涂鸦日记。卡罗尔总是借助适量的运动完成涂鸦。在画完图画的概貌后，她会观察这幅图画，从中找出可辨认的图形。

她不断地勾勒这个可辨认的图形的轮廓，并在图形的边缘标明它的名称。在这幅图画中，卡罗尔看到了一只风筝和一面旗帜，并且她把这两个图形的边缘描黑了。

　　然后，她并没有回答自我探索问题，而是闭上双眼，开始寻求内心的声音——并将其称为"智慧女人"——她会告诉自己这些涂鸦的含义。她会把自己接收到的所有信息都写在图画上。在这次的涂鸦日记中，卡罗尔的"智慧女人"告诉她，风筝代

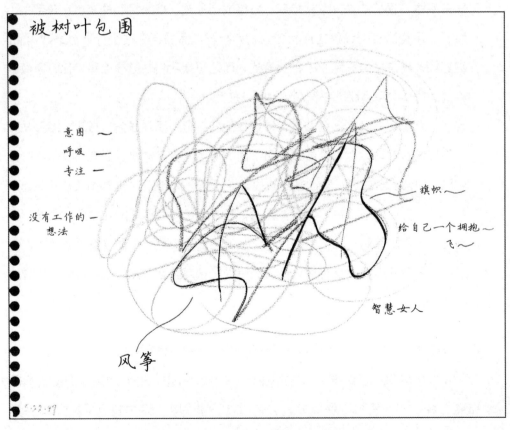

图 3-6　来自卡罗尔·伊萨卡的涂鸦日记

表她已经做好准备去飞翔，而旗帜代表她应该给自己一个拥抱。

在卡罗尔的第二幅涂鸦作品（见图3-7）中可以看到，她辨识出了一颗心的形状，并将它勾勒了出来。对于这幅图画，她的"智慧女人"告诉她："抓住这一愿景，抓住你的心……接受这种能量和爱。"接着，她又听到了另一个声音，她将其称为"治愈女人"。这个声音告诉她："每天做一件积极的事——寄出你的诗，寄出你的

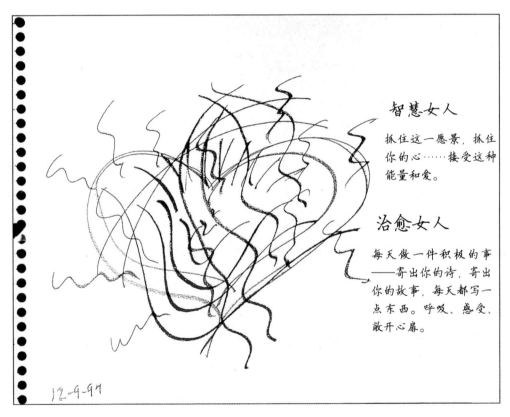

智慧女人

抓住这一愿景，抓住你的心……接受这种能量和爱。

治愈女人

每天做一件积极的事——寄出你的诗，寄出你的故事，每天都写一点东西。呼吸、感受、敞开心扉。

图 3-7　来自卡罗尔·伊萨卡的另一幅涂鸦日记

故事，每天都写一点东西。呼吸、感受、敞开心扉。"

我们的内心都有一个声音，它可以借助我们的动作和声音发声，而这些发声又都源于我们的情绪和情感。为内心的声音命名可以帮助我们识别是内心的哪一部分在发声。在卡罗尔的例子中，她不仅接触到了传达智慧的那一部分自我（智慧女人），还接触到了洞悉自身情感需求的那一部分自我（治愈女人）。

我们内心的图画——不论简单的涂鸦还是可辨识的图形，都能成为代表我们情绪或感受的符号，并且我们能够从这些符号中领悟我们的情绪想要告诉我们些什么。这就是卡罗尔的涂鸦日记带给我们的启示。

练习 3：通过声音亲近情绪

这个练习可以帮助你通过叹息、哼唱和抒情吟唱，提高你与自己的身体建立联结的能力。根据《莫扎特效应》（*The Mozart Effect*）一书的作者唐·坎贝尔（Don Campbell）的说法，声响、音乐、歌唱、吟颂等都是情绪的本能表达。音乐和声响能够通过改变脑电波直接影响我们的生理和心理状态，并且它们还能够唤起被我们遗忘已久的记忆及与之相关联的情感。此外，音乐还是我们接触无意识人格的各个层次并将其与已知或有意识人格结合在一起的安全方式。

在做好准备后，请你依照以下引导语进行练习或用手机扫描旁边的二维码边听边做（你也可以将动作结合到该项练习中）。在这项练习进行的过程中，你最好关闭音乐，因为它可能会影响身体和内心声音的表达。

- 在设定好意图后，站在或坐在你要进行涂鸦日记的区域旁边，闭上双眼。将你的意识集中在呼吸上，用叹息的方式慢慢地呼气，并且在每次呼气时逐渐发出越来越大的叹息声。然后，将叹息声转变为哼唱声。如果你觉得这种哼唱正在转向一种特殊的曲调，或是音高和音调正在发生变

（仅供参考）

化，那么就顺其自然吧！持续哼唱几分钟，直至你感觉身体也产生了共鸣。如果你很难感应到这种共鸣，那么请将你的手置于喉咙处，然后继续哼唱。在你感觉到手部的共振后，想象这种振动传遍了你的全身。

- 在你持续观想这种振动的过程中，想象一下，如果这种振动是向内部移动的波浪的话会是什么样子。如果你感知到了这种波浪的样子，睁开双眼，选择你想要的任意颜色的蜡笔、粉笔或记号笔，用线条或图形来描绘波浪的样子。

- 如果你觉得自己画出的波浪图形似乎是在水平、垂直或任意方向移动，那么顺其自然吧！随着手中的画笔在纸上来回移动，并勾勒出更多线条和图形，你可能会突然意识到一幅图画已经浮现在眼前。如果真是这样，继续绘画，让图画自己显现出来。如果没有显现出特定的图画，继续画波浪，直到你觉得图画完成为止。

　　当你完成声波图画后，再次回到第 60 页的自我探索问题，去探究这幅图画都告诉了你什么。

建立属于你自己的四个步骤

在完成了本章的三个练习后，你可能已经很好地理解了涂鸦日记四个基本步骤的作用原理，并且也能判断哪一种方式更适合自己。如果你特别喜欢某种方式，也可以将它运用到其他练习中。事实上，你也会像我们工作坊的学员一样，在经过一段时间的练习后，发展出适合自己的四个步骤。

我们的许多学员后来都发现，想象情绪或感觉是一件非常自然的事，他们已经不再需要将意识聚焦于身体和使用内在视觉观察事物的例行练习了。现在，他们只需快速地浏览一下练习内容，以了解这项练习的关键点，图画便会自动地浮现在脑海中。还有一些人表示，在练习中，他们仍需要观想引导，但已经不再需要写明自己的意图了，因为他们的意图始终只有一个：表达心灵的意象或内心最深处的情感。所以，在对四个基本步骤进行了一段时间的练习后，我们希望你也能够随心所欲地更改或缩短它，让它更适合自己。

涂鸦日记的渐进展开

以下涂鸦日记是由两名学员完成的，它们所展现的是一幅涂鸦作品从开始到完成的过程。我们将每幅画作的绘画过程分为四个阶段，并进行了拍照记录。

第一组涂鸦日记

第一阶段

　　杰克（Jack，化名）是第一组涂鸦日记的记录者。他在开始时采用了动作练习，以帮助自己与情绪或感受建立联结。在几分钟的深呼吸和轻柔的扭转运动后，他开始在空中来回晃动手臂。然后，他拿起一支黑色的粉笔，在纸上画出了一个 U 形图。刚开始画时，杰克还没有充分认识到自己的情绪或感受。但在画出这个初始图形后，他感觉自己的情绪开始显露。这个 U 形图让他想起了某种容器，并且这种容器的下方显然需要用某种东西来支撑（见图 3-8）。

第二阶段

　　在第二阶段，杰克在 U 形图下面画了一个绿色的图形，像有一只温柔的手托住了这个容器（见图 3-9）。

　　"这样就感觉好多了。"他边画边说，"让人觉得很舒服。"

第三阶段

　　在画完这个绿色的支撑图形后，杰克开始意识到 U 形图的中心正吸引着他的注意力。他说："我觉得它需要被某种东西填满。"所以，在第三阶段，他画了一个蛋形的图案在里面。接着，杰克开始为图画填充色彩，并添加了一些小的圆形图案（见图3-10）。

第四阶段

在第四阶段，杰克觉得他的图画仍没有完成。他又用绿色粉笔将半圆容器描绘成了一个完整的圆，将整个蛋形图案包裹了起来。然后，他在绿色容器的底部和边缘添加了一些浅粉色，同时，他为支撑容器的绿色图形加上了一个红色底座，使它看起来更加稳固（见图3-11）。

图 3-8　图画 1，第一阶段

图 3-9　图画 1，第二阶段

图 3-10　图画 1，第三阶段

图 3-11　图画 1，第四阶段

现在，杰克觉得这幅画的结构已经非常完整了，所以，他也变得更加轻松。"我对自己的行为感到惊讶。"他说道，"我像被戏谑了一样，一团黑色包围一个蛋形物，一个像蛇一样的东西正从这团黑色的图形中显现出来并开始逃离。它所表现的正是我在过去几天经历的事情，但在这之前我从未意识到这些。在完成这幅画之前，我一直都不知道自己很空虚、畏惧，并且急需他人的帮助，但我一直不敢去寻求他人的帮助。这幅图画告诉我，如果我请他人帮忙，他们会答应我。而一旦我感受到了他人对我的支持，我就会大胆地抓住机会，从那个陈旧、封闭的死循环中破壳而出。"

第二组涂鸦日记

第一阶段

第二组涂鸦日记由工作坊的另一位学员完成，她不希望暴露自己的真实姓名，所以我们称她为莎拉（Sarah）。

在记录涂鸦日记前，莎拉的准备工作包括静坐和将注意力集中在呼吸上。接着，她为自己设定了涂鸦日记的意图：了解连日来不安情绪出现的缘由。莎拉在闭上双眼后，开始将意识转移到胃部，因为她觉得这里是不安情绪的生理发生区。莎拉集中注意力去感受胃部的状态，她将这种不安想象为强烈的黑色图像。莎拉睁开双眼，开始描绘这个黑色的图像。在绘画的时候，莎拉觉得她必须非常用力才能描绘出那些黑色的线条。"越黑越好。"莎拉说道。她把图画画得很小，因为她不想让这种感觉蔓延开来（见图3-12）。在绘画的时候，莎拉感觉这些黑色的图画与她遭受批评时的感受存在着某种联系。

第二阶段

作为对这种感觉的回应，莎拉开始用绿色的简笔人物画代表那些在生活中批评她的人，接着她又在这些人和自己之间设置了一道绿色的屏障（见图3-13）。

第三阶段

　　莎拉望着她的图画，感觉似乎还缺少些什么。虽然莎拉无法确切地知道究竟少了些什么，但她还是拿起了一支棕色的粉笔，在图画的外围画了一条粗粗的圆环。接着，莎拉注意到这个棕色的圆环有两个开口（见图3-14），这让她感觉到了某种安全感。她又意识到，那道绿色的屏障同样有一个开口。"这个开口让我觉得很重要。"莎拉说道，"因为它为我（指那些黑色的线条）留下了空间，让我可以逃离。"

图3-12　图画2，第一阶段

图3-13　图画2，第二阶段

图3-14　图画2，第三阶段

图3-15　图画2，第四阶段

第四阶段

莎拉越是留心观察自己的图画，就越觉得画中的图案像一个转动的车轮。她喜欢这种动态的感觉，所以，在绘画的最后阶段，她画了一些箭头来强调这种感觉。然后，她又添加了一些被她称为"跳舞的星星和小圆圈"之类的图案。这让莎拉感到非常美妙，因为她似乎摆脱了他人的批评带来的冲击。"沉重的不安感消失了。"她说，"同时，我也感觉到一些疼痛感被释放了出来。为了将这种释放的感觉形象化，我画了一个从大圆环中滚出的小黑球（见图3-15），它也加入到那些'跳舞的星星'的行列中去了。"

在回答完自我探索问题后，莎拉意识到她的图画是在告诉自己，尽管她无法阻止他人的批评，但她可以选择应对这些批评的方式。莎拉说："我可以选择继续因他人的批评而心力交瘁、无所适从，也可以选择和这些人分开，远离他们以保护自己。如果我能够转身离开并对他们的观点不以为意，那么我就能够获得自由并像星星一样舞蹈。"

这两组涂鸦日记清晰地表明了签到过程的强大作用。现在你可能也已经发现，内在意象不仅能够告诉你自己的情绪或感受如何，而且还会告诉你应该如何处理这些情绪或感受。

第一周的涂鸦日记课程到这里就结束了。我们希望此时你已经相信，艺术创作和冥想一样，可以打开通往内心深处的大门。对自我的认知和接纳能够使个体保持内在的和谐，使我们的身体、心理和精神变得健康和积极。

在下一章中，你将会学习如何认识和释放由压力引发的情绪。接着，你将会学习如何将与这些情绪相关的意象转换为一幅新图画。这幅新图画不仅能够使你变得更加积极、平和，还能够帮助你消除压力给身体带来的负面影响。

第四章

治愈由压力引发的情绪

对我而言，记录涂鸦日记就是以一种我喜爱的方式掌控生活。我生命中的大部分时间都花费在了……待人友善，把他人的需求放在第一位，却从不知晓自己的需求，忽视了聆听自己内心那个小小的声音。

——凯特·西科尔斯基（Kate Siekierski）

　　大概每隔多久你就会听到人们说"我的压力太大了"？压力就像花园里不受控制、疯狂生长的野草一样，但是压力并不会自己产生。当我们对他人的要求、命令和期望做出回应，而这种回应又与我们自身的需求、欲望和期望相悖时，压力就产生了。简单来说就是，压力的产生是因为理智（应该怎样做）与情感（想要怎样做）出现了冲突。理智和情感之间的这种冲突会引发诸如愤怒、内疚、恐惧、沮丧、烦恼和怨恨等情绪反应。压力引发的情绪反应其实还有很多，我们将其统称为应激反应（stress response）。

　　应激反应是一种生理和生物化学反应，它会引发机体分泌荷尔蒙，进而影响中枢神经系统。而中枢神经系统会改变我们身体的功能，从而让我们为战斗或逃跑反应做好准备。应激反应的表现是肌肉绷紧、呼吸急促、手心出汗和头部嗡嗡作响。我们会感到虚弱、茫然和浑身发抖。然而，我们很少能够识别出生活中诱发应激反应的事件。很多人甚至不知道自己处于压力状态下自己的情绪，为了了解这种情绪，我们必须和自己的情绪建立联结（见图 4-1）。

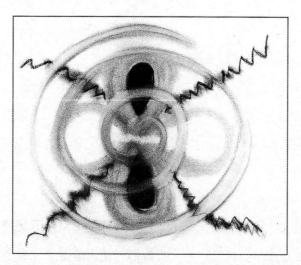

图 4-1 《压力像什么》，来自凯特·西科尔斯基的涂鸦日记

一般有两类事情会引发个体的应激反应：一类是感知到人身安全受到威胁，另一类是感知到信念、需求、愿望、欲望、财产和福祉受到威胁。我们平常所说的压力，通常并不是因攻击老虎或惊跑大象所引起的，也不是由抢劫、车祸或飞机失事等意外事件导致的。一般来说，这些可怕的事件一生也许只会在我们身上发生一次，甚至根本不会发生。大多数人面对的都是反复出现的压力，它包括对已经养成的行为习惯的质疑，对已发生之事的看法，对可能发生之事的担忧，或者对他人的行为和要求预先做出反应。

例如，当被要求做一些与我们的信念相矛盾的事情时，如偷偷溜进电影院、故意伤害他人或撒谎，我们就会产生不适感。这触发了我们的应激反应——想要战斗还是选择逃跑。当他人要求我们改变自己以适应其需求，而其需求又与我们自己的需求相矛盾时，我们往往也会感到非常不适。我们可能会出现愤怒、怨恨甚至是仇恨等情绪反应。当我们在路上开车却被他人挡住去路，或者在超市排队结账却被他人推搡时，也会出现应激反应，因为这与我们希望被他人尊重的需求相矛盾。

在凯特·西科尔斯基的涂鸦日记中（见图 4-2），这种被重视的需求得到了最恰当的表现。本章开头所引用的凯特的叙述表明，她一生中的大多数时间都在为他人服务，将他人的需求置于首位，却不知如何关心自己的需求。凯特的不幸正是我们大部分人所经历的。我们一直在做着别人想要我们做的事，而这仅仅是因为我们不知道自己想要什么。

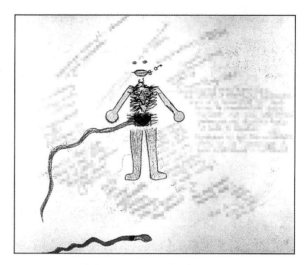

图4-2　《当我处于压力状态时，我觉得自己无足轻重》，来自凯特·西科尔斯基的涂鸦日记

　　只有借助情感和情绪，我们才能真正了解自己的需求和欲望。思想无法告知我们这一点，因为它们只会遵从我们已养成的信念——我们从小接受的教育便是个人要服从集体的意愿。脱离自身的情绪是我们屈服于他人意愿的首要原因，而这必将导致情绪反应，进而造成应激反应。这些反应都会引发压力性情绪。

　　尽管压力性情绪会毁掉我们的生活，但是倘若我们多注意这种情绪，亲近自己的需求和愿望，便能够重新找回那个曾被我们轻视、忽略、遗忘的自我。没有那些痛苦的经历及由此引发的压力性情绪，我们可能永远都不会发现自己的精神力量和潜能，而这些品质恰恰就是我们完成毕生使命所需要的。当我们最终领悟了人生的痛苦经历和情绪给予我们的教诲时，由它们引发的创伤也将被治愈。只有从这一新视角去看待痛苦，我们才能明白，我们最痛恨的敌人其实一直都是我们最好的导师。领会了这一点，我们也就能够原谅自己的行为，以及那些伤害了我们的人和事，因为倘若没有它们，我们可能永远都不会发现真正的自己。

压力性情绪如何影响身体健康

心理神经免疫学（psychoneuroimmunology）是一门研究情绪如何影响中枢神经系统和免疫系统的科学。心理神经免疫学的研究表明，长期得不到排解和表达的痛苦情绪会对免疫系统造成直接、重大的影响，进而引发生理疾病。为了更清楚、简单地说明这一关系，我们创立了压力等式，以描述未被表达的情绪引发生理压力并最终影响身体健康的过程。

压力等式

未排解、表达的痛苦情绪＝生理压力＝免疫系统功能失调、身体机能退化及异常细胞增殖＋时间＝疼痛和病患

当然，有一点需要记住，并不是每次有压力性想法或情绪时，你就会立刻得病，因为"时间"是这个等式中最重要的一个因素。我们都有过压力性情绪，并且这种情绪可能会在我们身上持续数天、数周甚至数月。但是，如果我们能找到一个出口，

并最终借助这个出口将压力性情绪释放出去，那么我们的身体就可以复原。然而，如果我们找不到这样一个出口的话，持续的压力就会削弱我们的身体健康状况，而疾病也会乘虚而入。

观想引导、绘画及其他艺术形式能够逆转压力对生理和心理造成的破坏性作用吗？科学家们对此进行了研究。研究结果显示，通过绘画、素描或任何一种美术形式来表达压力性情绪，都可以逆转应激反应，缓解机体的紧张，减轻痛苦并充分激发免疫系统的功能。

有一位女士来见芭芭拉，因为她感到自己的工作压力过大。芭芭拉要求她记录涂鸦日记，以便她能够在压力出现时追踪和探索自己的感受。很快，这位女士的涂鸦日记表明，她的压力源自她对自己职业的不满和愤怒。因为她的父母将教师视为一份收入可观且稳定的职业，所以大学毕业后，她就在父母的督促下当了一名教师。尽管从一开始她就厌恶这份工作，但是她却耐着性子工作了数 10 年，因为她和丈夫都需要这份工作的收入来支付生活开销。在他们有了孩子后，这份工作还可以确保她在孩子放学和放假的时候待在家里。现在，她已经快 50 岁了，为了能领取养老金，她仍然在忍受着这份工作。

当她开始从不同的角度看待压力后，她意识到自己真正想做的事情其实是开一家古董店。古董是她的钟爱之物，不能专注于自己的钟爱之物，这更让她厌倦在学校里度过的每一分钟。长期以来，她都与愤怒和沮丧的情绪为伍。更糟糕的是，直到她在涂鸦日记中表达这些情绪之前，她甚至都不知道它们是什么，为什么会产生这样的情绪。她所知道的仅仅是自己的压力很大，并且已经无法忍受。在知道了压力的来源后，她也整理好了自己对离开教师岗位的恐惧感。

她相信，正是涂鸦日记帮她做到了这些。"我的图画不仅告诉了我自己想要做的事情，它们还促使我信任自己内心的声音，因为只有我的内心才知道我真正需要的是什么。"她接着说道，"我最终领悟到，与退休金相比，内心的平和更为重要。我在离开教师岗位后所获得的快乐和热忱，能够帮助我挣到远比退休金多得多的钱。"

在帮助癌症病人及罹患其他各种生理疾病的患者的过程中，我们发现，通过绘画或素描表达压力性情绪能够使一个人有效地驱逐它们，如此一来，这些情绪就不会再诱发机体内部的应激反应（见图4-3）。

尽管大部分学员都是因为想要更好地了解自己及自己的感受才来到工作坊的，但是在每一个新团体中，始终都会有一些学员想要通过涂鸦日记治疗危及自己生命的疾病或慢性病。那些每周至少记录三次涂鸦日记的学员，在坚持了几个月后告诉我们，涂鸦日记能够使得他们更快地康复，并且还降低了药物治疗的副作用。他们中的很多人都坚信，是涂鸦日记让他们的身体状态获得了很好的改善。

不管记录涂鸦日记的个人原因是什么，你都要明白——无论你是否正在忍受病痛——每个人都会时不时地遭受压力性情绪，并且这些情绪必须得到排解，这样才能保证人体的免疫系统达到最佳状态，降低压力对人体的负面影响。毫无疑问，涂鸦日记是释放压力性情绪的最佳方法，同时，它还能够促使你探索内心深处最隐秘的部分。

目的——让所有的情绪随着我所做出的改变而改变，直到我能够应对它们。

#1. 它令我感到更加疼痛了，无论是身体上还是精神上。我看到一切都分崩离析，乱成一片。

#2. 我的心灵正在被治愈，因而不再那么疼痛了，但仍处于疼痛中。

#3. 这些颜色让我觉得……这些颜色表明了我的感受。我再也感受不到其他颜色了。

#4. 肝部的混乱让我苦恼，全都乱作一团。

#5. 我喜欢蓝色的轮廓线，它让我感到安全，感到有防护。就像不管发生什么，我都可以治愈体内的混乱和疼痛。就像我穿上了护甲。我很强壮，我的力量保护了我，不管我将会遇到什么。我仍能感到恐惧，但也能应对那些恐惧。有了蓝色铠甲，我将能够跨过去。

#6. 我知悉了自己的蓝色铠甲。

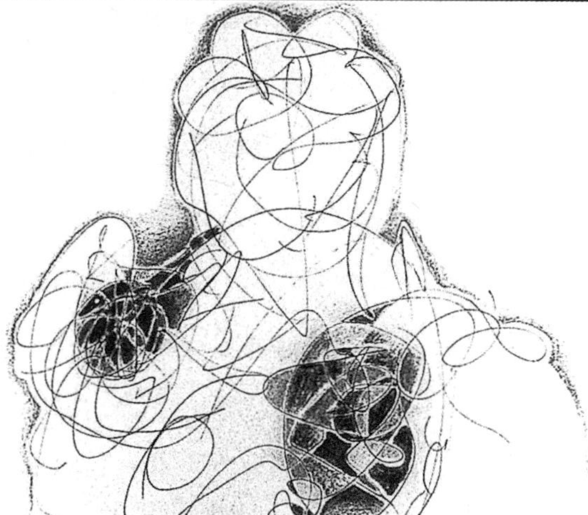

蓝的盔甲

图 4-3 《蓝色的盔甲》，来自萨布拉的涂鸦日记

第二周：亲近、排解并转化压力性情绪

在第二周，你的涂鸦日记的重点是处理由当下的生活问题引发的压力性情绪。如果过去未被排解的情绪仍影响着你的生活，你也可以对它们进行探索。当你集中精力处理这些情绪时，你不仅要表达它们，而且要转化它们，这一点至关重要。

转化是艺术治疗的一部分。艺术治疗包括亲近（Access）、排解（Release）和转化（Transformation）三个部分，简称 ART。

第一阶段通过将意识聚焦于身体和观想引导来亲近情绪。第二阶段通过素描、绘画、雕刻、书法、舞蹈、运动、声音或音乐等艺术媒介排解情绪。这种艺术化的表达被人们称为表达艺术（expressive art）或治疗艺术（healing art）。在医院里，它被用来促进物理治疗，而心理治疗师则使用它帮助人们治愈心理创伤。

如果你完成了本书迄今为止要求的所有练习，那么你就已经经历过了治疗程序的第一阶段和第二阶段。在本周的第一个练习中，你将会继续借由前两个阶段来处理压力性情绪。然后，我们会向你提供另一个练习，以帮助你运用"再想象"（re-envisioning）技术转化情绪。这一程序包括将在第一个练习中画的那幅压力性情绪图画转化为一幅新图画，这幅新图画所表达的是你的感受或应对压力事件的方式。

转化并不一定就能帮助我们解决压力问题，但是，它的确能够让我们以一种新的视角看待它。单单是这一点就足以帮助我们放下过去或对生活不切实际的期望。这反过来又鼓励我们去接受一种新的观点，使我们能够去探寻每一次痛苦际遇背后的内心课程。当我们将压力性情绪转化为一种积极的情感，鼓励自己用爱和接纳的

态度对待周遭事物时，也就治愈了自己的创伤。由此，痛苦的情绪将无法再控制我们，而压力对生理健康造成的负面影响也会被消除。

当前没有压力时你该怎么做

如果在目前的生活中你没有感受到压力、不适或情绪上的痛苦，那么你可以继续进行前一章的签到练习，直至压力事件出现。但请记住，你没有感受到压力并不意味着你没有压力。很多人对忧虑和焦虑早已习以为常，因此，对他们来说，压力并不是值得注意的事情。

我们建议你花一些时间进行此项练习。在观想的过程中，当你将意识聚焦于身体后，可以将注意力转移到身体上任何有紧张感的地方，而非专注于压力性情绪。或者你也可以让身体指引你去有压力储存的部位。如果你有足够的耐心，那么身体会听从你的要求。

练习 1：发现压力性情绪的根源

你最近有没有感受过压力、紧张、害怕、不安、忧虑、焦虑或沮丧等情绪？我们都经历过这样的时期：所有事情像排山倒海般涌来，而我们只是感到压力巨大、忧心如焚，有时甚至分辨不出是哪种特定情绪，只是觉得压力巨大。这项练习将帮助你与自己的感受建立联结，这样你就能够精准地辨认出被唤起的情感。同时，你还能够发现自身压力的来源——它可能与你最初的猜测毫不相关。

在准备好开始此项练习后，请依照以下引导语进行练习或用手机扫描旁边的二维码边听边做，同时，你也可以将动作和声音结合到这项练习中。

- 设定意图。你的意图要能够表明你想要了解当前的压力性情绪，或者导致压力感受的问题。如果你并不能确定自己当前是否处于压力状态，那么就让身体指引你去任何可能有压力储存的地方，并在日记本上写下这一意图。

（仅供参考）

- 找个舒服的地方坐下，然后闭上双眼。做三次深长而缓慢的呼吸，将意识集中在胸腔的起伏上，感受气体在肺部的进出。然后，再做三次深呼吸，想象自己吸入光线，并呼出了一种颜色（任何颜色都可以）。接下来，再做三次深呼吸，继续吸入光线并呼出颜色。感受身体在每一次呼气后都更加放松。再次想象自己吸入光线并呼出颜色，直至你感到完全自在和舒适。
- 正常呼吸。这时你的注意力可以从呼吸上移开，转向身体上出现紧张、压力或不适的地方。让意识集中在这些区域的生理感觉上。
- 什么颜色、形状、形态或图画能够更好地表达你的生理感觉？当你知道答案时，睁开双眼，画出你的压力感觉。

在完成画作后，请花几分钟的时间从远处观察它，就像你在前面的练习中所做的那样。当你准备好后，回答下面的自我探索问题，它们将帮助你获悉自身压力的来源，以及你的压力想要传达给你的东西。你只需要回答那些符合自身情况的问题。如果你想到了其他想要询问自己的问题，也可以大胆地作答。

当文字与图画一起出现时

我们在涂鸦日记工作坊教授课程的过程中，每次都会有一些学员觉得自己的涂鸦方式不正确，因为在他们的图画中总会有文字出现。我们则会不断地消除他们的疑虑，告诉他们，涂鸦日记无所谓对错，只有适不适合。

图 4-4 和图 4-5 是布梅·丘吉尔（Bre Churchill）的画作。在丘吉尔涂鸦

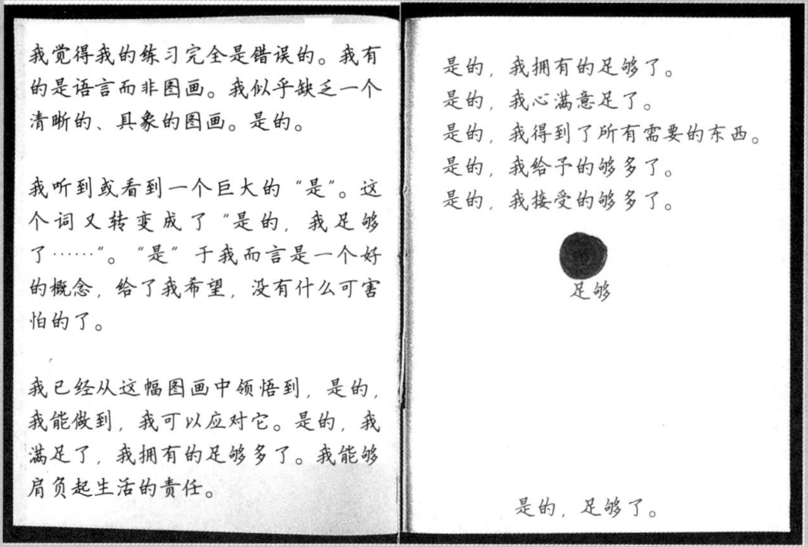

图 4-4 《足够》，来自布梅·丘吉尔的涂鸦日记

我觉得我的练习完全是错误的。我有的是语言而非图画。我似乎缺乏一个清晰的、具象的图画。是的。

我听到或看到一个巨大的"是"。这个词又转变成了"是的，我足够了……"。"是"于我而言是一个好的概念，给了我希望，没有什么可害怕的了。

我已经从这幅图画中领悟到，是的，我能做到，我可以应对它。是的，我满足了，我拥有的足够多了。我能够肩负起生活的责任。

是的，我拥有的足够了。
是的，我心满意足了。
是的，我得到了所有需要的东西。
是的，我给予的够多了。
是的，我接受的够多了。

足够

是的，足够了。

图 4-5 《是的，足够了》，来自布梅·丘吉尔的涂鸦日记

的过程中，总有文字不断地出现在她的观想里，为此她十分担忧。在谈论自己的这两幅图画时，她把自己对图画的理解与团体的其他成员进行了分享。

她解释说，在第一幅画中她想要处理一个反复出现的压力问题。她告诉我们，这个问题就是她始终感到"永远不够"。

她说："但是，当我观想图画时，我得到了一个词语——'足够'。它在一个蓝色锯齿状的图形里，图形的边缘是红色的。然后，我又看到了环绕在锯齿状图形周围的其他词语——'足够'。这不可能是正确的观想方式。"

"在第二幅图画中，当我想要对《足够》这幅图画进行转换时，我又一次观想到了一个词语，这个词语就是'是的'。"她接着说道，"这让我对词语'是的'有了更多的应答，如'是的，我已经拥有了足够多的东西'或'是的，我已经满足了'。当我写下这些文字时，我看到了一个红色的圆圈，我想它代表的就是我转化后的情感。它表示'是的，足够了'。但是，当回答那些自我探索问题时，我又感觉到了恐惧。我觉得我的练习完全是错误的。"

在回答完自我探索问题后，丘吉尔最终消除了自己的疑虑。她继续写到："我已经从这幅图画中领悟到，是的，我能做到，我可以应对它。"

当然，正如我们在团体中向她指出的那样，她最后写出的那句话带有双重含义。它暗示着她能够处理好自己的想法，让自己知足，并且能肩负起生活的责任。丘吉尔也认同我们的观点。她说自己的恐惧包含了两部分内容，一部分是自己是否正确地完成了练习，另一部分就是自己的不知足。在完成这篇日记之后，这两种恐惧最终都消除了。

自我探索问题

1. 当你观察自己的涂鸦日记时，你的感觉是怎样的？

2. 你在图画中所描绘的那种压力性情绪现在怎么样了？

3. 你所使用的颜色与你的感受的关系是怎样的？

4. 在观察你的图画时，上面有什么东西困扰着你吗？

5. 当你看着图画时，能否找出与压力感受相关的特殊信息或含义？如果能，它们是什么？

6. 关于你对压力性情绪的反应，你能从图画中领悟到什么？

7. 对于你在图画中所表现出来的反应，你现在的感觉是怎样的？

8. 当压力再次闯入你的生活时，你是否想要改变自己的应对方式？如果是，请将它描述下来。

如果你对第 8 个问题的回答是肯定的，那么请依照下一个练习的步骤，利用再想象技术进行转化。它会帮助你将你在前一个练习中所画的图画转化为一幅更积极的新图画，这幅新图画所表达的是当处于压力情境时你希望自己采取的应对方式。

图 4-6 的涂鸦日记描绘的是萨布拉对压力的观想。萨布拉将压力想象成有一堆沉重的箱子压在她的头上。她在图画周围写的文字非常有趣，这些文字进一步描述了她的压力感受，其中包括"恐惧的泪水""肩膀酸痛""心灵因为恐惧和无价值感而饱受折磨"。她在日记本的另一页写下了自我探索问题的答案，这些回答能够让我们更清楚地看到，自我探索问题是如何帮助她理解自身压力的根源，以及她是如何应对压力的。

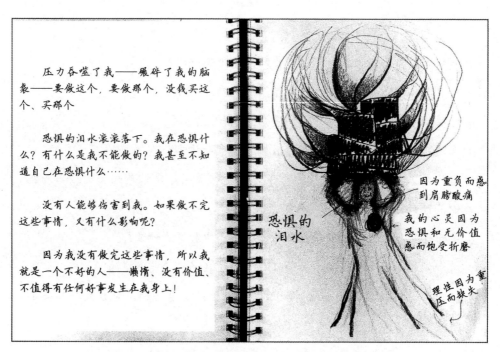

图 4-6 《压力令我不知所措》，来自萨布拉的涂鸦日记

并非每次都要回答自我探索问题

在压力感受的转化阶段，萨布拉画了一幅自己丢弃箱子的图画（见图 4-7）。她还在日记本的另一页写了几段文字说明这幅转化后的新图画。当萨布拉再次拿出自己的图画与小组成员分享时，她询问我们是否可以不回答自我探索问题，因为她能够理解图画上的内容。我们的回答是"自我探索问题仅仅是工具而非目的"。现在，我们也想要把这一信息传达给你。

我扔掉了那些箱子——我现在只肩负我生活里需要的东西，并且让它们变得平衡、轻盈。

当某个事物变成负担时，我是有选择。我要么背负它们前行并被它们拖累，要么直接将它们丢弃并轻装上阵。改变你的生活，让你的生活成为你想要和需要的，不要背负不必要的负担。迅速成为你自己，肩负起你应该肩负的东西和能帮助你成为自己的东西。

不要一味地做、做、做，抛弃那些阻碍你行动的东西，那些让你的生活变得不幸的东西……

与此同时，走出去吧——轻柔优雅地跳跃、舞蹈、漫步；没有迟疑，从生活中发掘快乐。

平衡

图 4-7 《压力的转化》，来自萨布拉的涂鸦日记

随着你在涂鸦日记及自我探索问题中学到的东西越来越多，你将会更加轻松地领悟图画的内涵。最终，你也会和萨布拉一样，不再需要自我探索问题的辅助。不过，当你发现自己达到这个水平时，我们仍建议你在完成绘画后，花几分钟时间写下图画的含义。很快你就会发现，这是涂鸦日记中极为重要的一部分。

萨布拉在转化过程中所完成的图画是一个很好的示例。我们想用一种新的方式应对压力性情绪，所以我们重新想象了一幅更加积极的图画。萨布拉从她转化后的新图画中领悟到了一些不一样的信息，并将它们写在了日记本的另一页。这些信息对我们所有人而言都是宝贵的一课。其中的一部分内容如下：当某个事物变成负担时，我是可以选择的。我要么背负它们前行并被它们拖累，要么直接将它们丢弃并轻装上阵。改变你的生活，让你的生活成为你想要的和需要的，不要背负不必要的负担。

练习 2：通过再想象技术进行转化

转化是从一种存在状态转变为另一种存在状态的过程。当面对痛苦、困惑或引发焦虑的情境时，你可能会以一种负面、愤怒、充满敌意，甚至是谩骂的方式对待自己或他人。这些非建设性的反应会导致压力性情绪。我们中的大多数人都只是学会了忍受压力性情绪，等待它们出现，并相信它们会随着时间的推移而消散。问题在于，压力性情绪看似会随着时间的推移而消散，但它们却从不曾真正地离开过。它们会继续影响我们的生理和心理健康，直至我们有意地去洞悉它们、排解它们，并将它们转化为一种更具建设性的情绪反应。

在大多数情况下，我们的情绪反应（不管积极的还是消极的）都是后天习得的。当我们的情绪反应伤害到自己或他人时，也可以像萨布拉那样改变自己的反应方式。然而，倘若我们只是在意识层面和认知层面改变反应方式，其效果并不会持久。为了让我们的行为模式发生持久性的变化，这种改变必须在三个层面进行：意识层面、潜意识层面和细胞层面。抵达这三个层面的最有效方式就是运用身体－大脑的内部意象语言，它将直接激活交感神经系统，而交感神经系统正是应激反应的触发器。因为每种情绪都会生成一个相对应的内部意象，所以只要我们改变了这个意象，也就改变了情绪反应。

这项练习会帮助你从不同的角度重新想象压力性情绪的图画，因此，你会获得一幅转化后的新图画，而这幅新图画所代表的正是一种更具建设性、更加积极的情绪反应。请你依照以下引导语进行练习或用手机扫描旁边的二维码边听边做。

- 将你的意图设定为再想象一幅新图画，这幅新图画所代表的是你经历的情绪反应引发自身内部的应激反应时的情境。在你的日记本上写下自己的意图。

（仅供参考）

- 闭上双眼。做几次深呼吸，将意识重新带到之前感到压力和紧张的身体部位，也就是你在画出上一幅图画时集中注意力的部位。
- 让身体呈现出一幅新图画，这幅新图画要能让你感受到更少的压力及更多的积极性、建设性和治愈力。当你在促使这幅再想象的图画进入意识时，要保持充分的耐心。在你获得新图画后睁开双眼，并画出它。
- 如果你并没有真正看到或感知到新图画，也要睁开双眼，画一些让你感到安慰和治愈的东西。

你的新图画代表了一种情绪转换，一种应对痛苦和压力性情绪的新方式。它可能还传达了来自你内心的消息，以帮助你了解自身压力情境背后的逻辑。你内心的消息可能非常直白、清晰，但如果并非如此，下面的自我探索问题也会帮助你阐明它。

自我探索问题

1. 转化后的新图画给你什么样的感觉？

2. 为了更平和、更积极地应对压力，你需要做些什么？关于这一点，你的新图
   画给了你哪些领悟？

3. 新图画让你对自己有了哪些更深入的了解？

在涂鸦日记的第二周，我们建议你做这 2 个练习的次数不要少于 2 次，以便你能
够更深入地了解自己当前面临的压力性情绪，甚至治愈它。

让涂鸦日记不再局限于日记页面之内

我们的一些学员表示，他们很难将自己的图画限定在日记本的页面内。开始时，
他们只是在日记本上绘画，但是后来，他们愈发地想要在更大的范围内创作。一位
学员告诉我们，她的情绪往往会过于激动，反应过于强烈，以至于必须在更大的平
面上绘画。为了画出那些尺寸过大的图画，这位学员将几张画纸拼接在一起，然后
在没有装订的一面绘画；还有一些学员喜欢在三维介质上进行创作，如黏土和木材。

如果你想在灵感的激励下让自己的画作变成巨幅的油画或雕塑，如果你试图表
达的情绪在日记本大小的画纸上无法充分挥洒，如果二维介质无法让你恰当地施展
创作激情，那么请尽情地释放自己吧！你所需要的只是用最适合自己的方式表达自
我。在涂鸦日记的世界里，最不需要的东西就是束缚记录者的条条框框。

《礼物》（见图 4-8）就是一个完美的示例。它向我们表明了，当听从直觉的指引时，我们能够完成一幅多么惊人的画作。一天，桑迪·戈尔德（Sandi Gold）在进行一项重要工作时，她的电脑突然罢工了，而这一天正是她完成工作的最后期限。桑迪感到非常沮丧和愤怒，她需要用一种方式将情绪发泄出来，于是她开始记录涂鸦日记。

图 4-8　《礼物》，来自桑迪·戈尔德的涂鸦日记

"我随身带着记号笔呢。"她说道，"于是我就开始绘画，希望能借此排解我的沮丧感。我不停地画着，直至我觉得自己的愤怒全部被释放了出来。我竟然有如此多的愤怒情绪，这让我感到有些恐惧，我知道，现在我必须转化这些负面情绪了。当我问自己，为了转化这些负面情绪我需要做些什么时，有一个声音告诉我，我必须找到一个盒子。我不知道自己为什么需要盒子，但我还是找到了一个盒子。接着，我用自己的画来包装这个盒子，还用丝带把它系起来。我发现它看起来就像一件礼物。在观察这个盒子时，我仍旧可以看到画中的所有能量。这时我意识到，我是一个充满激情的人，而这种激情正是上天给我的礼物。"

桑迪告诉我们，她倾注在画作中的所有能量、愤怒和沮丧，其实正是她对自己生活的全部感受。桑迪在性情上与家人有着很大的不同。有时，她会觉得自己是家人的累赘。于是，她开始对自己的激情感到难堪。在发泄愤怒的同时，桑迪的难堪感也得到了排解，并且她还将自己的激情转化成一件可以被珍惜的礼物。对桑迪而言，这是非常重要的顿悟时刻，也是她职业画家生涯的关键转折点。

如果桑迪压抑自己将画作转变为纸盒包装纸的欲望，她可能永远都不会经历这样的蜕变过程。

发现尚未治愈的情感创伤

在桑迪创作《礼物》的过程中，还发生了一些其他事情。她不仅找到了引发自己愤怒和沮丧的根源，还与自己过去未治愈的情感创伤建立了联结。并且这一情感创伤至今还深刻地影响着她的情绪反应和行为方式。

我们中的大多数人甚至都没有意识到，压力性情绪往往是由我们过去未治愈的情感创伤所引发的。过去的情感创伤会时时刻刻诱使我们"扣动情绪扳机"并"按下情绪按钮"。在这种情况下，我们当前所遭遇的压力源会悄无声息地让我们记起曾经的情感创伤。而我们对当前事件的反应，就会夹杂着我们曾经历过的愤怒和沮丧情绪。过去的情绪或感受再次涌现的结果就是，我们对当前事件进行了两次情绪反应，一次来自过去的创伤情绪，另一次则来自当下的压力性情绪的刺激。

我们都有一些情感创伤，并且自从我们最初遭遇这些创伤起，它们始终没有被真正治愈。有时候，这些创伤太过痛苦，以至于我们不得不去压抑它们，重新阐释它们，或者干脆忽略它们。但这些做法并不能让创伤真正消失。如果得不到适当的表达和排解，情感的伤口会继续溃烂下去。所以，你的当务之急不仅是要表达当下的压力性情绪，还要回溯过去，揭开那些被深埋已久的情感创伤。本章接下来的两篇涂鸦日记练习会帮助你亲近和挖掘那些未被治愈的情感创伤，消除它们对你当下的生活造成的困扰。请你依照以下引导语进行练习或用手机扫描旁边的二维码边听边做。

练习 3：聚焦过去未被治愈的情感创伤

- 将你的意图设定为聚焦过去未被治愈的某种情感创伤，并且你想要亲近并排解这一创伤。在日记本上写下你的意图。

（仅供参考）

- 找个舒服的位置坐下，然后闭上双眼。做三次缓慢而深长的呼吸，将注意力放在胸腔的起伏上。感受气体在肺部的进出。现在，再做三次深呼吸，想象自己吸入光线，呼出一种颜色（任何颜色都可以）。接着，再做三次深呼吸，再次吸入光线，呼出颜色。感受身体在每一次呼气后都变得更加放松。再次想象自己吸入光线并呼出颜色，直至感到完全自在和舒适。

- 正常呼吸。这时把你的注意力从呼吸上移开，并把它转向你的身体中任何存有未治愈情感创伤的地方。

- 在注意力到达一个特定的身体部位后，耐心地等待，将你的全部意识都集中在身体的这一部位。很快你就会发现有一种情绪涌向你。让你的身体去呈现与这种未治愈的情绪相对应的意象。

- 在观想到这个意象后，睁开双眼并将它画下来。如果没有出现任何意象，你只需睁开双眼，让你的笔指引你在纸上画出一些符号即可。

在完成这幅图画后，花几分钟时间观察它。当你准备好后，回答下面的自我探索问题。这些问题会帮助你了解过去未被治愈的情感创伤。

自我探索问题

1. 在你观察这幅图画时，它给你的感觉是怎样的？

2. 这幅图画是否唤起了你曾经的记忆或感受？如果是，这些记忆和感受是什么？

3. 这幅图画表达了什么样的情感？

4. 关于过去未被治愈的情感创伤，这幅图画的颜色都告诉了你什么？

5. 现在，当你看着这幅图画时，它是否包含了一些你在初次经历创伤事件时未领会的信息？

6. 你在这幅图画中所表达的情绪，与你在练习 1 中所画出的压力性情绪之间存在某些相似之处吗？对此，你有什么样的感觉？

7. 如果这幅图画能够开口讲话，你觉得它会对你说些什么？

8. 关于未被治愈的情绪，你从这幅图画中学到了什么？

练习 4：排解并治愈过去的情感创伤

既然你已经和过去的情感创伤建立了联结，那么你是否想要排解并治愈这种情感创伤？如果你的回答是肯定的，那么请依照以下引导语进行练习或用手机扫描下方的二维码边听边做（这个练习分为两个部分）。

第一部分

• 将意图设定为排解过去的情感创伤，将日记本翻到新的一页，写下这一意图。

• 闭上双眼，做几次深呼吸，并想象你在排解完情感创伤后的感受。如果你可以一劳永逸地将其排解掉，那么什么样

（仅供参考）

的图画最能表达你的感受？

- 在你知道自己的图画是什么样子后，将它画在日记本上写有意图的那页纸上。

- 在完成图画后，写下一些文字来描述放下情感包袱的感受。

既然你已经释放了情感创伤，那么现在你可以对它进行治疗了。你需要做的就是再想象一幅治愈性的象征图画，以替代你在练习 3 中所画的图画。请你依照以下引导语进行练习或用手机扫描旁边的二维码边听边做。

第二部分

- 将意图设定为转化并治疗过去的情感创伤，将日记本翻到新的一页，写下这一意图。

- 闭上双眼，做几次深呼吸，将意识转移到内心深处。让心灵为你呈现一幅治愈性的象征图画，以替代你心中那个未被治愈的情感意象。

（仅供参考）

- 在观想到心灵给予你的治愈性图画后，将它画在日记本上写有意图的那页纸上。

你可能想要将后面画的两幅图画从日记本上取下来贴在墙上，或者把这两篇涂鸦日记打开放在一个特定的位置，这样你就可以天天看到它们。这两幅图画，一幅代表了排解情感创伤的意图，一幅象征着治愈情感创伤的愿望。不断地观看它们，可以让它们在意识和潜意识两个层面替代你的情感创伤图画。接着，这两幅新图画会激活你的交感神经系统，使其释放出具有治疗作用的内啡肽。

在练习涂鸦日记的第二周，你需要依据引导继续用这两个练习挖掘潜藏在你内心且未被表达和治愈的其他情绪。最终，在摆脱这些陈旧的情绪后，你会发现它们再也不会影响你对当下境遇的反应了。

本章的内容到这里就要结束了，我们觉得用一幅涂鸦日记图画来作为结束语会更加合适。图画《字母A》（见图4-9）是由波基塔·格林姆（Birgitta Grimm）所作。它是波基塔再想象的图画，所表达的是波基塔想象自己的压力被释放后的样子。在完成图画后，波基塔花了一些时间和这幅图画对话。她希望我们能同你分享她所接收到的信息。"让压力释放出来。你没有必要承受如此多的压力。它会拖垮你的身体。在你的愤怒或悲伤情绪得到完全表达和排解后，你的心灵会获得自由。当这一切到

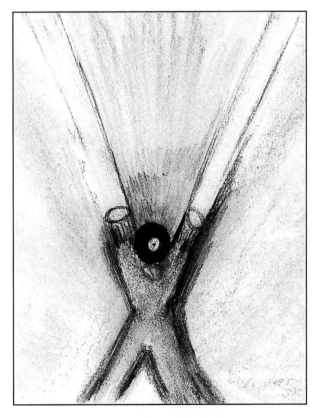

图4-9 《字母A》，来自波基塔·格林姆的涂鸦日记

来时，平和和喜悦将会再次填满你的内心。"

和图画对话其实就是要求它告诉你些什么。事情的奇妙之处在于，如果你的图画可以发出声音，它就会开口讲话，就像在波基塔身上所发生的那样。在下一章中，你会学习如何与自己的图画对话，并借此倾诉你的心声。

第五章

与图画对话

我记录涂鸦日记已经有两年的时间了，我发现我的图画懂得我身体中的所有情绪。它是我的老师。

———唐娜·朱塞佩（Donna DiGiuseppe）

与一位熟知自己的老朋友对话是一种非常珍贵的体验。当一位旧日好友向我们倾诉逝去的时光、学习到的经验及所有共同的记忆时，我们会感到一种亲切的温柔。当我们向这位朋友征求建议时，我们知道他的建议会非常友善，并且会将我们的最大利益放在首位。而这也正是我们与自己的图画交谈时发生的事情，它们会给予我们建议，并诉说属于它们自己的故事。事实上，我们的图画正是我们的一位老朋友，它们的言语既亲密又充满了智慧。最重要的是，它们会让我们与自己内心最深处的声音取得联系，帮助我们重新发现真实的自我。

我们借助素描、绘画或雕刻所表达的图画声音，正是我们内心的声音。为了更好地理解这种声音是如何经由图画来表达的，你可以这样设想：图画是身体、心理和精神的语言，艺术（包括素描、绘画或雕刻等）是这种语言的载体。当我们与这种语言建立联结时，它告诉我们的不仅包括我们对特定生活事件的情绪反应，还包括当我们面对艰难的境遇和决定时，为了继续生存和发展需要做些什么。

第三周：让你的图画说话

在涂鸦日记前两周的课程里，你学会了如何亲近、排解及转化自身的内部图画语言，你也学会了如何向身体和心灵阐释图画语言的信息。这些信息会帮助你治愈压抑已久的内心深处的创伤。与学习任何一门新语言一样，从了解这门语言到使用它与他人进行交流需要一段时间的练习。

现在，你已经准备好开始与自己的图画展开对话了，你会向它问问题并得到回答（见图 5-1）。有时，这些问题的答案会迅速且直接地出现；而在另一些时候，这些问题的答案可能与故事、诗歌、寓言或神话纠缠在一起。因此，第三周涂鸦日记练习的重点就是学习如何与你的图画展开对话。为了便于你学习，本周的练习分为两个部分。

在第一部分练习中，你将学到如何使用一组特定问题和日记图画进行对话。在此之后，我们也希望你可以自己设计相关问题。如果在此过程中你很难得到回答，我们会向你介绍一些其他方法以提高你与内心建立联结的能力。如果你接收到的信息是模糊不清的，那么我们会教你如何进一步洞察这些信息，或者如何让这些信息变得明晰。

在第二部分练习中，你会学到如何让图画显露信息。每一幅图画都代表了你内心的一部分自己，都有一个重要的故事要向你倾诉。这个故事所揭示的思考、记忆和欲望可能是你多年来都没有注意到或始终都不承认的。当你学会了如何从图画中寻找故事时，你也就成了自己故事的主角，并且你会从中发现内心的力量。而当你

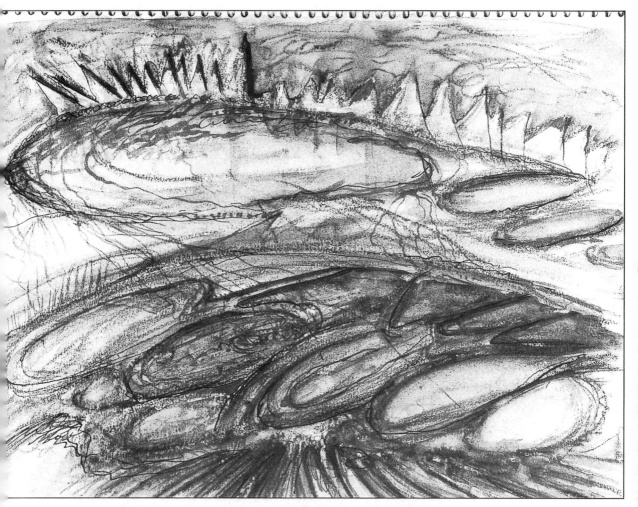

图 5-1 《豆荚》，来自阿黛尔·卡博夫斯基的涂鸦日记

"我的图画充满了我以前使用过的一些元素：豆荚、圆圈、一排排的线条、爆裂的线条、山丘、岩石和贝壳。但是，这一次我问自己，图画上的这些图形为什么会出现在这里？豆荚回答道：'我们代表了过往的存在方式，代表了将旧的图形、颜色、思考和信念释放到无限的可能性中。'"

熟知自己作为故事的主角所经历的痛苦磨难时，你也就洞悉并学会了如何保护自己的弱点。借由故事中的反派角色，揭露了你在生活中黑暗而隐秘的一面，这一部分必须被接受并重新置于光明之下。这些来自你内心深处的故事，会使你充分认识到真实的自己，以及你注定要成为的人。

罗布·布莱斯（Rob Blais）是我们工作坊的一位长期学员。在与自己的图画对话的过程中，他接收到了一些非常宝贵的信息。他的图画名为《整修工作》（见图 5-2），是他在签到过程中完成的。画中有两幢房子，罗布告诉我们："前面那幢房了看起来很坚固、很安全，但后面那幢房子则显得线条杂乱，看上去好像很快就要倒塌了。我问图画，这两幢房子的寓意是什么。图画回答道：'在你的生活中有两幢房子，一幢秩序井然，一幢杂乱无章。'我很清楚这其中的含义。"罗布接着说道，"在我的生活中，我的物质生活很富足，但我的精神生活很贫瘠。后面那幢房子代表的正是我的精神生活，它涣散而空洞，需要大量的整修工作。有了这个答案，我生活中的一些困惑也突然变得明晰起来。"

第一部分练习：如何与你的图画对话

想要与你的图画对话并不困难。正如我们在本章开始时提到的，它就像你在和一位旧日好友谈心一样。我们需要做的事情就是找出自己想要问的问题，既可以是关于我们内心意象的问题，也可以是关于图画本身的问题。将问题写在日记本上，然后闭上双眼，在等待答案的过程中，让自己保持完全开放和接纳的状态。你的答

图 5-2 《整修工作》，来自罗布·布莱斯的涂鸦日记

案将会以一种直觉思考或观念的形式浮现出来。如果你和大多数人一样，那么你会听到一些细小的声音，而这些声音就是你要寻找的答案。我们会鼓励学员信任自己接收到的第一回答，并抵制进一步思考的冲动（经验告诉我们，第一回答是内心的声音，而之后的思考就是理性思维的产物了）。

对与图画进行对话时出现的问题的解答

我们之前就说过，第一次记录涂鸦日记的大部分学员其实都是怀疑论者，因此，我们总是在回答他们的问题。现在，我们就把其中的一些问题和回答分享给你。

问：如果我头脑中的声音只是我自己的声音，我该怎么办？

答：你听到的就是你自己的声音。它是你内在自我或灵魂的声音，你的图画就来自那里。当你向自己的图像或图画提出问题时，你并不是在询问一个没有灵魂的实体，你是在问你自己——图画的创作者。

问：如果我得到的答案充满了呵斥、责备或批评，我该怎么办？

答：你从图画中得到的答案来自右脑——负责形象思维的那一部分，它是无法对你进行评判的。这也正是为什么我们会说，你的第一回答才是正确的，因为它直接来自右脑。如果你得到的答案充满了呵斥、责备或批评，那么你肯定是由于某种原因回到了左脑思维中——也许是你对自己的第一回答进行了再思考。记住，左脑是负责批判思维和道德判断的。

如何解决呢？在你等待回答和写下答案的过程中，始终用左手握笔。这样做的意义在于它会激活思维从左脑转向右脑的路径，因为左手是由右脑控制的。如果你是天生的左利手，那么你就用右手写问题，然后用左手写答案。这同样会激活左右脑思维的转换。

问：如果我提出了问题却得不到回应，我该怎么办？

答：如果你发现，即便是用左手来作答，大脑里仍旧是一片空白，那么你就随便写些东西，即使你写的东西与问题毫不相干也没有关系。如果这样仍不奏效，那么你就在日记本上信手涂鸦吧。根据我们的经验，你的答案会很快出现。你只需要保持内心的开放与接纳状态，并且记住不要去思考答案，否则它会让你重新回到左脑的思维中。

问：如果我的回答很做作，我该怎么办？

答："做作"意味着你有意捏造、修饰你的回答。试试下面这种方法：提出问题，然后闭上双眼，让意识进入身体中任何能吸引你注意力的部位。这一部位与你提出的问题存在某种关系。当你将注意力集中在这一部位时，要求它给予你一个或多个词语，这些词语要与你正在等待接收的答案相关。如果你得不到任何词语，那么就要求身体的这个部位呈现出一幅图画或代表某个词语的符号。无论你得到了什么，立即将它们写下来，看看它们能否组成一个句子。

问：如果这些都没有用，我该怎么办？

答：如果所有这些技巧对你都无效，那么请试试询问自己不同的问题。根据我们的经验，如果我们向自己的图画提出的问题都能得到答案，那么说明我们提出的问题是正确的。

问：如果我得到的答案不是我所期望的，我该怎么办？

答：抛弃你的期望。请记住，当我们向图画提问时，很难得到我们在意识层面所期望的回答。但是，我们能够得到我们的潜意识所期望的结果，因为答案正是来自我们的潜意识。

问：如果我得到的回答仍与问题不相干，我该怎么办？

答：尝试询问更多的问题，或者等待一两天，然后再回头查看答案。在经过一段时间后，再次回看答案会让你对之前的困惑有一个全新的理解。最后，如果这些技巧都失败了，那么就干脆休息几天，然后再重新回到你的图画上。你可能过于着急了。耐心、接纳和信任是你与自己的图画进行交流的关键。

问：我可以向图像或图画问多少个问题？

答：多少个问题都可以。

问：我怎么知道应该从图画的哪一部分开始问第一个问题？

答：从哪一部分开始并不重要，你只需要相信自己的直觉。开始时，我们建议你向整幅图画提出问题，询问它有什么要对你说的。然后再任意选择其中一部分，最好是能够吸引你的注意力或者让你感到困惑的那一部分，并让它自己解释。

练习1：与图画展开对话

我们建议你在本周初进行一次签到练习，以便确定自己的情绪状态。在你完成绘画后，使用下面的问题帮助自己和图画展开对话。

如果你已经准备好进行签到练习，那么请翻开日记本，找到相邻的两张空白页，请依照以下引导语进行练习或用手机扫描旁边的二维码边听边做，你也可以借助动作和声音自由地完成绘画。

（仅供参考）

- 在日记本的左页或右页写下意图，在某种程度上它应该能反映出你发掘自己当下情绪或感受的愿望。

- 接着，闭上双眼，做几次深呼吸，感受胸腔的起伏，并将注意力集中在身体上。继续这样做，直至你感觉到与身体建立了联结。

- 让意识转到任何能够吸引你注意力的身体部位。这个部位可能让你感到不适或疼痛，也可能让你觉得舒适或温暖。

- 当你的意识抵达这个部位后，将注意力集中在这个部位的生理感受上。

- 现在想象一下，如果这种感觉是一幅图画的话，它会是什么样子？使用什么样的颜色、形状或形态能够更好地将其表现出来？如果你的心态平和且充满耐心，一定会有某种图画、图形、符号或灵感浮现出来。

- 当你知道自己的感觉是什么样子时，睁开双眼并把它画下来。

- 如果你没有看到或想象到任何东西，那么也要睁开双眼，选择一种最能够代表你感受的颜色。让手中的画笔在画纸上随意涂鸦，只要它能表达你的感受。当你在纸上画出一些符号后，请跟随自己的直觉一直画下去，它会指引你添加更多的颜色和图形。或许在你意识到之前，你的图画可能已经完成了。

通过问题对话，诱导图画做出回应

你的图画不仅是对你情绪的形象化表达，它还是来自你内心深处的信息。这一信息会告诉你，你可以从自己的情绪中领悟到什么。为了理解这些信息的本质，你可以利用下面这些问题从你的图画及其组成部分（如颜色、形状、样式或质地）中获得更多信息。请你依照以下引导语进行练习或用手机扫描旁边的二维码边听边做。

- 在与图画相对应的日记页上写下下面的第 1 个问题。然后闭上双眼，想象图画自己拥有了生命，想象每一幅图画都活了过来。现在，将你的注意力集中在图画的某个特定组成部分上，想象一下它会如何回应。

（仅供参考）

- 每一个问题都如法炮制。在此过程中，你可以自由设计、更改或添加自己的问题。

1. 询问组成图画的颜色、结构和样式，关于你自己和你的生活，它们都告诉了你些什么？

2. 选出一个能够吸引你注意（既可以是积极的，也可以是消极的）的图案，询问它在图画中扮演了什么样的角色。

3. 选择另一个图案、结构或颜色，询问和上面相同的问题，直至你和图画中的每一部分都进行了对话。

4. 查看每一个问题的答案。如果你觉得某个回答很重要，可以通过问更深刻、更具体的问题来深入了解。

5. 你接收到的信息可能与你当下或过去的生活事件存在着某种关联，如果你想要探究这种关联性，那么接下来的问题也许会对你有所帮助。

（1）在过去的生活中，你什么时候有过与图画中所表现出来的情绪相似的感受？

（2）你觉得什么样的生活或个体行为可能与你接收到的信息有关？

（3）在你目前所问的问题中，有没有哪个问题的答案可能符合你当前的境遇？

（4）有没有哪个问题的答案符合你过去的境遇？如果有，它是怎样的？

（5）你从这幅图画中学到的哪些东西与你或你想要成为的人存在关联？

如果你想要超越图画所给予你的答案的表面意义，直抵其更深层次的内核，那么请将你的图画视为一种指引性的力量，一盏能够温暖你心灵并让你获取生命能量的明灯。如果这些来自灵魂的信息让你觉得像振聋发聩的真理或灵光乍现的顿悟，那么你就已经完全领会了这些信息的真实意义。

与前两周的图画进行对话

在掌握了与图画进行对话的方法后，你应该找出自己在前两周记录的涂鸦日记，并运用问题对话的方式同这些图画进行交流，尤其是那些涉及压力性情绪的图画。这些图画也许十分有趣，并且能够让你获得大量的信息——它们带给你的信息很可能与你在本周所表达的情绪或感受有着直接的联系。

将图画及其回应视作符号信息

你也许并非总能领会接收到的信息。要阐明你的图画给予你的回应，可能需要你将其视为一种象征符号。也就是说，你不能只根据信息的表面意思去解读它，而应该思考这些信息的象征意义。罗布·布莱斯显然就对他的图画（见图 5-2）进行了这样的解读，他意识到那两幢房子分别象征着他的物质生活和精神生活。

我们的另一位学员切丽（Cherie），能够非常轻松地理解她的涂鸦日记图画《山峰》（见图 5-3）背后的象征意义。但是，她真正想要知道的是，这幅图画能够给予自己怎样的建议。在开始对话前，切丽匆匆地记下了图画的象征意义，其内容是关于她在失去选择权或感到生活不受控制时处于什么情绪状态。"当出现这种情况时，我感觉自己就像不得不去攀爬一些极高的山峰。其中一些山峰很幽暗且阴沉，不过，中间那座山峰要明亮些，看起来也没有那么恐怖。天空则让人分辨不清，它既可能立刻转变成一场狂风暴雨，也有可能瞬间云消雾散。山谷里光线充足，植物繁茂而葱郁。"

图 5-3 《山峰》，来自切丽的涂鸦日记

"这便是我在失去选择权或感到生活不受控制时的情绪状态。"

　　当切丽面对一种可能导致未知结果的情境时，她会被某种不确定性困扰。从象征性的角度出发，切丽很清楚，她的图画所代表的正是她感受到的不确定性。山峰和天空象征着切丽预感到的前路上的艰难，她很有可能会陷入窘迫的生活。山谷象征着短暂的喘息，这是一个让人感到舒适的地方，它就位于令切丽感到不详的山峦之下。但这些还不够，切丽很想知道，她的图画能给予自己哪些建议以帮助自己应对不确定性。为了领悟更多的信息，切丽又创作了一幅图画（见图5-4），她将这幅图画命名为《过山车》。

图 5-4 《过山车》，来自切丽的涂鸦日记

切丽创作《过山车》的目的是找出应对自身情绪问题的方法。在观察完这幅图画后，切丽在日记本上写下了自己的感受，这一次她同样将图画视为符号信息："我的情绪就像一辆过山车，上面有起伏的棕色、蓝色和暗橙色的东西。我似乎使用了太多的深色来表达自己难以言说的情绪。那些红色的圆圈看起来是否令人迷惑？在阴暗的颜色中出现了如此明亮的色彩，难道是我对自己的情绪有误解吗？过山车的中心释放出明亮的光线，它压制住了所有起伏的颜色和圆圈。这些圆圈也开始变得明亮起来。"不过，这一次切丽仍没有得到确切的答案，所以，她决定和图画展开对话。她询问图画问题，并将对话记录在了日记中。

问：过山车包含了哪些信息？

答：起伏的棕色、蓝色和暗橙色的东西。

问：我怎么做才能不乘坐它？

答：停留在光源的中心。

问：怎么做？

答：去做就是了。

问：如果我不乘坐过山车的话，我担心自己会死掉。

答：如果你不乘坐过山车的话，你的生活会更快乐、更明亮。

最初，在反复读这些话时，切丽并不明白其中的含义。接着，她尝试去解读这些话的象征意义。就这样，话中的含义显现了出来。她告诉我们："我知道过山车象征着我的情绪起伏。所以，我的回答是'如果我不乘坐过山车的话，我担心自己会死掉'，这意味着我已经习惯了情绪的起伏，因此，当我真的让自己停留在平和之地时——光源所在之地——我反而会因为陌生而感到畏惧。"在说出这番话后，切丽不仅意识到自己的解读是正确的，还领悟到图画在建议自己留在光亮处时暗示的信息。光亮象征着信任。当生活看似就要失去控制时，如果她能够让自己相信事情会朝着对所有人有利的方向发展，那么情绪的起伏就会停止。

和图画《过山车》交流过后，切丽又回到了她之前的图画《山峰》上，并与之展开了对话。她询问那些山峰想要告诉自己什么，自己又该如何渡过那些忧虑不安的时光。山峰回答道："选择权在你的手中！你可以将我们视为不祥而黑暗的存在，也可以选择看到我们身上的光明前景。我们周遭的一切并非死路一条，而是存在着种种可能性。天空也可以用不同的方式来解读，它可以代表暴风雨前的乌云，也可以代表即将到来的落日美景。山谷永远都是你安全的港湾，它是你的一部分，是你的内核、本质。它是你的精神存在，无论你的物质世界里发生了什么，它都将蓬勃发展。这里是你的避风港。你想要如何感知这些山峰和暴风雨般的天空？选择权就在你的手中！记住，山谷始终都在那里。它会一直存在——现在、将来及永远。"

切丽说，从图画中得到的信息赋予了她力量，提醒她与内心本源进行交流，提醒她自己拥有做出不同选择的能力。选择是一种强大的天赋，而我们常常忘记使用它。当我们记录涂鸦日记并让自己的图画开口说话时，图画会一直提醒我们自己拥有的天赋、希望和梦想。

第二部分练习：让图画讲述自己的故事

每幅涂鸦日记图画都有一个故事要倾诉。每幅图画都代表一个角色，而每个角色都代表你自己的不同部分，它们渴望被看到、被认可。了解这些之前被遮掩、被忽视的部分，能够促使你将它们身上的理想品质整合到自己的个性中，并从它们的恐惧和不安中汲取教训。无论积极的品质还是消极的品质，它们都会让你的自我变得更加完整，并帮助你实现内心的意图。

让绘画作品倾诉它自己的故事，并不同于你和你的图画进行对话。你与图画对话是一种私密的交流，但你的故事则更像一部小说，里面充满了戏剧性、矛盾冲突和道德困境，它们与你在涂鸦日记图画中所绘的符号和图画交织在一起。在你的一生中，当你试图释放身体中的巨大潜能时，必然要面对内心的挣扎、冲突，而你的故事所反映的正是你的灵魂对这种冲突的洞察。正如作家娜塔莉·戈德堡（Natalie Goldberg）在教人写故事时经常说的那样："我们的身体是垃圾堆。我们从中汲取经验，而那些被丢弃的鸡蛋壳、菜叶子、咖啡渣和动物骨头的分解物则让我们的心灵成为一片营养丰富的沃土，而我们的诗歌和故事就在这片土地上绽放。"

所以，做好准备吧，在你创作一幅有故事的涂鸦日记图画时，你也将会清空自己的"垃圾堆"。

练习 2：带着故事涂鸦

你的身体会指引你找到那个需要被讲述的故事。在你感到紧张或不适的身体部位中，你会发现那条需要被表达的信息，它可能是一个传说、一篇神话、一则寓言或一首诗歌。这条信息会以生理疼痛的方式吸引你的注意，而你为了获得这个故事，必须将意识集中在让你感到不适的身体部位上。一旦找到了这个地方，你就能邀请它分享它的图画。接下来的练习会向你介绍一些能够唤起故事的问题，你可以利用它们帮助自己想象故事。

请你翻开日记本，找到相邻的两张空白页，依照以下引导语进行练习或用手机扫描旁边的二维码边听边做。

- 在相邻两页日记纸的任意一页写下你的意图。你的意图应该能够表现出你的愿望——得到一幅会讲故事的图画，而这个故事也是你的身体急切想要表达出来的。如果你想要专注于某个特定的问题或某种特定的情绪，那么就让你的身体指引你去存储这个问题或情绪故事的特定部位。

（仅供参考）

- 闭上双眼，做几次深呼吸，将注意力集中到身体上。心中要始终谨记你的意图。在深呼吸的时候，感受胸腔的起伏。继续深呼吸，直至你感觉已经与自己的身体完全建立了联结。

- 时刻将你的意图铭记在心，身体中有哪个部位让你感到了紧张、不适或痛苦，就让意识转向那个部位。

- 当意识抵达这个部位后，将注意力集中在这个部位的生理感受上，并邀请它同你分享那幅有故事要诉说的图画。

- 当这幅图画浮现出来时，睁开双眼并将它画在日记本上。

能唤起故事的问题

这些能够唤起故事的问题会赋予你的图画开口说话的能力。而会说话的图画会让你联想到一个故事。你可以通过以下两种方式使用这些问题：在日记本上记下这些问题的答案，然后写下由这些答案唤起的故事；或者只是简单地通读这些问题，然后借由这些问题唤起的印象、想法或灵感写下一个故事。

如果你不知道该如何下笔，那么试试下面这些老套的开场白吧：从前；很久以前，在一个很远的地方；某一天，有一个……

1. 写下你对图画中的图案的全部了解，或者只是去思考它们。它们对你意味着什么？它们在向你诉说着什么？它们想要让你了解些什么？

2. 想象每一个图案都发出了声音。它们在诉说什么？写下它们的言语或只是记住这些言语。

3. 在你观察图画时，哪一部分图案是主角？

4. 主角的名字叫什么？

5. 关于这个人物你都知道些什么？让你的直觉指引你。这个人物是男性、女性或根本没有性别？它是动物、蔬菜还是矿物？它是人类还是非人类？

6. 其他图案都代表了什么角色？有英雄、受害者和反派吗？

7. 你觉得这些角色都有名字吗？如果有，他们的名字是什么？

8. 你对这些角色的直觉感知是什么？

9. 再次观察你的图画。图画里面是否包含了特定的场景？例如，白天还是黑夜？室内还是室外？在现实世界还是另外一个世界？图画中的景象是哪个季节？周围的环境是寒冷而充满敌意的，还是温暖而热情的？

在浏览上述问题的过程中，根据你的思考或笔记，写下一个包含这些角色的故事。记住，在创作故事的过程中不要做任何规划，不要审查自己的思考，不要设定故事的结果，而是让故事自己成形。只管让故事的情节自由发展，看看究竟会发生什么。你要学会接纳未知的事情。这种未知的空白正是创作开始的地方。

在完成故事后，要克制自己去修改、评判或重写它的冲动，否则可能会使故事背后的真实含义变得模糊。与你在图画对话练习中出现的情况一样，每一个故事都代表了一些你应该知道的重要信息。

这次练习是你与自我的不同部分进行间接交流的一种方式。故事中的每一个角色都代表了你的不同方面。故事本身会将你的信念和生活事件置于你人生旅途的大背景下。它为我们呈现了一幅更加完整的图景——当作为一个参与者从内部观察事件时，我们的所见往往会非常短浅。当你与图画对话时，你也只是图画所代表的经历的一部分。而作为故事的作者，你脱离了自己的图画，并且你是在自身的行动之外审视自己的对话和情绪。所以，你的潜意识将会因此打开，并揭示一个神圣的愿景，它就来自你的内心视角。

关于故事阐释的几点建议

每一个故事都有要表达的信息，你的故事也不例外。但是，这些信息可能并不是那么浅显直白。与你向图画提出问题并获得答案时一样，你从自己的故事中获得的信息同样应该被视为某些事物的象征。这些事物与你自己、你的生活，以及你对生活事件、环境变化的应对方式有关，并且它们是你必须知道的。

以下问题会帮助你理解故事中的象征意义，你可以将这些问题的答案写在日记本上，或者通读这些问题并思考它们带给你的领悟。

1. 这个故事是否与你生活的某个部分相关，或者与某个一直困扰着你的问题有关？如果是，它是怎样的？

2. 故事中的主角面临着怎样的挑战或忧虑？它是否与你的生活相关？如果是，这种相关性是怎样的？

3. 如果你的故事中还有其他角色，它们是否代表了你潜藏的、未知的或者不被认可的部分？如果是，它们代表了哪一部分？

4. 这个故事是否有一个结局？

5. 这个结局是否让你获得了某种领悟？

6. 这个故事的象征意义是什么？

7. 对你来说，故事所传达的信息是否存在着某种特殊的意义？如果是，那么它是什么？

整理盘点：创作故事的不同方法

依据涂鸦日记创作故事有很多种方法。尽管我们的大部分学员最初都会利用那些能唤起故事的问题，但是，他们中的多数人在之后还是找到了适合自己的便捷方法。我们将通过下面三个例子说明我们的学员创作故事的不同方法。

有些故事在图画完成后便立刻显现了出来。有些学员在写出故事前，需要与自己的图画进行简短的对话。还有一些学员在图画完成的数天甚至数周后才能写出自己的故事，因为他们需要时间反复思考。我们相信，每个人都会找到自己的最佳方式展开想象。

涂鸦日记《蓝色球／橙色猫》（见图5-5）是由克莉丝汀（Christina）完成的。在与图画对话时，克莉丝汀首先向蓝色球提出了一个问题："你想要对我说些什么？"蓝色球回答道："我是一个被包裹的很紧的黑球。如果我能够伸展开，光就可以照射进来。我在球心的最深处，有很多树叶压在我的身上，它们填补了所有的空间，我不能伸展和呼吸，也无法让光照射进来。请为我找寻空间，让我得以舒展，让我的灵魂能够渗透，让我得以敞开心扉。"

克莉丝汀在与团体成员分享图画时，读出了自己从蓝色球那里接收到的回答。她知道，这一回答代表她无法放松自己，无法释放心中的忧虑和恐惧。蓝色球想要传达的信息很清晰，克莉丝汀必须让自己放松，这样她才能让信任和理解的光照射进来，释放其内心的声音。在她向团体成员解释图画的含义时，有一位学员指出了一幅像橙色猫那样伸展爪子的图案。在创作图画的过程中，克莉丝汀并没有看到这

图 5-5 《蓝色球 / 橙色猫》, 来自克莉丝汀的涂鸦日记

一图案。回到家后，橙色猫的图案始终萦绕在她的脑海里。她迫切地想知道这幅图画有什么含义？最终，她创作了一首诗。

我是一只猫，
生于荒野中。
我蹑手蹑脚地行走，
月光漠然。
脚步落下，无声无息，
唯有肩膀在摆动，
抬起，放下。
阴影的味道，
激起最初的记忆。
冷峻的目光滑过，
专注，
耐心。

她在阳光下陶醉，
看着自己的影子，
感受着力量与精力，
她可以跑、可以跳，
攀爬、打斗，
她飘忽无踪迹，
嬉戏、追捕，
在每一个人心中种下恐惧，
然后悄然离去，心无波澜。
看着自己，
像帝王般正襟危坐，
她身上满是困惑，
她身上满是秘密。

　　这首诗让克莉丝汀感受到了自己图画的内在魅力。她就是那只猫，天生有着奔跑、跳跃、攀爬等令人生畏的能力。尽管她有太多的疑问，但同时她也秘密地保有全部答案。

　　克莉丝汀是一位癌症患者，和所有生命曾受到威胁的人一样，因为担心疾病复发，她生活在无尽的恐惧之中。战胜恐惧，向生活敞开心扉并拥抱它所给予自己的一切，这些是癌症患者们在日常生活中面临的最大挑战。这幅图画及由此激发的诗歌灵感，并不是在表达一般性的恐惧和焦虑情绪。对克莉丝汀来说，它的主题是信任自己掌控生活的能力，尽管那些阴影会成为她绕不开的心结。

当凯特·西科尔斯基刚开始画《责备、好奇、疑惑、意识和敬畏》（见图5-6）

图5-6　《责备、好奇、疑惑、意识和敬畏》，来自凯特·西科尔斯基的涂鸦日记

时，她感到很激动。纸张似乎太小了，以至于凯特无法充分表达自己的感受。"开始时，我在图画的中心画了一块大陆。"她说道，"在我继续作画的过程中，我的内心有一股膨胀感，后来纸张的大小已经不那么重要了。"

"起初，这个类似月亮的图形让我想起了麝鼠，但我越是观察图画就越觉得它像一只水獭。我很高兴它是一只水獭，因为我知道，在杰米·山姆（Jamie Sam）的《动物药灵卡》（*Medicine Cards*）中，水獭代表女性——土元素和水元素。"

"在完成图画后，我询问水獭想要告诉我些什么。我得到的回答是：'不受拘束、没有猜忌的爱情。一位出色的女性同时需要男性和女性的品质帮助自己成长，唯有如此，一种统一的精神才能实现。'接着我问水獭，它想要我做些什么。它说：'不要再沉溺于忧虑之中了。做一只水獭，温柔地踏入生命的河流，随着宇宙之水肆意飘荡。发现女性的力量，丢掉你的严肃并学会娱乐，这样你就能卸下恐惧的包袱了。'"

在结束与水獭的对话后，凯特写下了下面的故事。

　　一天早上，当水獭像往常一样去游泳时，它注意到周围的世界变得非常安静。它在海岸间游来游去，发现人类都变得非常严肃。他们做完家务后便出门上班，他们的眼神空洞无物，心里却又十分沉重。水獭觉得很悲伤，它开始轻轻地啜泣。其他水獭都跑过来安慰它，抚慰它的悲伤。

　　接着，来了一只小动物。水獭最初受到了惊吓，因为它误以为这只动物是伪装的魔鬼。小动物询问水獭有什么需要它帮忙的吗。虽然水獭有些许惶恐不安，但它还是接受了小动物的帮助，因为在此刻，信任似乎才是最重要的。小动物告诉水獭，它可以让它暂时性地长大，大到甚至超过地球。这样一来，水獭就可以抱住地球，并传递一些新能量，以帮助地球上的人们重新唤起自己的娱乐精神。尽管有些怀疑，但水獭最终还是答应了。当凝视着小动物的眼睛时，它感受到了奇妙的爱，这份爱让它变得强大。当它长到足够大，以至于可以将整个地球揽入怀里时，它看到人们的表情变得柔和起来。他们停下了匆忙的脚步，并开始仰头大笑。

这个时候，水獭请蛇来帮忙，因为对一只水獭来说，这样的任务还是太过艰巨了。蛇在观察了一番后便伸出了援手。消极的能量逐渐散去，地球上的人们在生活中有了更多的热情、更少的死板，并开始更加相信直觉。

这就是一只小动物帮助地球上的人们拥有更多快乐、爱和创造力的故事。水獭很想知道，如果所有生物都能敞开心扉，用温暖、关爱和热情的眼神注视其他生物，不对它们心存疑虑的话，那么这个世界会是什么样子。

在这个故事中，凯特明白了如何按照水獭在对话中给予自己的建议来生活。凯特的身体里同时包含了女性和男性的特质。女性特质教会了她爱与接纳，而男性特质则要求她专注于工作和成就。在成长的过程中，凯特一直相信后者是自己获取成功和生存所必需的品质。为了像水獭一样成功，凯特现在必须平衡身体中的这两种特质，重新关注自身的能量，并以更加开阔的视野观察世界。只有这样做，才会让爱在她的心中不断成长，直至能够影响周围的所有人。

一个简单的故事居然可以囊括生活中如此多的问题，这的确让人感到惊奇。如果你能够让内心而非头脑给予自己温柔的指导，那么你终将找到解决这些问题的方法。

我们都会去实践自己所推崇的东西。所以，我们和团体中的其他学员一样，也在坚持记录自己的涂鸦日记。在过去的两年里，苏珊一直担心自己会和父母分开，因为她的父母都已年迈，随时可能会离开人世。在团体中，她向成员们分享了一个故事，故事的灵感来自她的涂鸦日记《三口之家》（见图5-7）。

苏珊还告诉我们，她在作画时为自己设定的意图是"作为照顾年迈父母的独生女，我想要找到一个平静之地。我和他们非常亲密，但是，现在我要照料他们，为他们做决定，这样的角色反转让我感到混乱。与此同时，我还要处理自己的悲伤情绪，因为他们随时可能离开人世，我要为此做好准备。"接着，她向我们分享

图5-7 《三口之家》，来自苏珊·福克斯的涂鸦日记

了她的故事。

　　从前有一个三口之家，他们抱着轻松、好奇及冒险的心态经历着不同的生命景观。有一天，当他们行走在路上时，有一棵树挡住了他们的去路。他们要求这棵树为他们让路，但让他们惊讶的是，这棵树反问他们："为什么？"接着，这棵树便长出了犄角和耳朵。他们询问这棵树的名字，以及为什么要阻挡他们前行的道路。树回答道："我的名字是山姆，人之树。"山姆解释说，要让它为他们让路是非常困难的，因为它的根就结结实实地扎在这片土地里。道路非常狭窄，三口之家陷入了苦苦的沉思。

　　不久之后，天空裂开了，有一朵粉红色的云飘到了树的上方。一个充满智慧而又温柔的声音示意这三个人分开走，它说道："绕着这棵树走，一次一人，或者两个人从这边走，另一个人从另一边走。"这种方法很简单，但他们有一个疑虑：这棵树非常大，他们都担心自己是否会迷路，或者偏离路径，又或者走散在树的两边永远都不会再见。这棵树听到了这一家人的担忧与交谈。它说："你们的选择很简单，要么留在原地，要么勇敢地分开一段时间，之后再一起继续你们的旅程。"

　　三口之家一直都坚信，前行、冒险、不贪享安逸才是他们的正确选择，所以，他们决定继续前进——两个人从一边走，另一个人从另一边走，期盼着某一天他们能够再次相聚。他们所做的决定表明，不管前方有什么危险，他们都必须前行。道路上的困难与阻挠只不过是他们发现勇气和坚定信仰的机会。

　　苏珊讲完故事后，向我们阐述了其中的信息："这个故事提醒我，当离别迫在眉睫时，你很难知道自己该选择走哪条路，即使你在路上遇到了不可逾越的障碍，它也只是在提醒你，你必须前行。我现在知道，这个障碍就是我的恐惧。如果我能跨越它，我就可以从树的一边走出来，再次与我的父母相遇。我必须坚持家族的传统，并冒险前行。如果我在恐惧面前驻足不前，那么我将白白地浪费他们给予我的生命。"

　　当倾听图画中的信息时，我们触及的实际上是超出了意识思维与恐惧的神圣领域。现在，我们希望你已经通过你自己及我们的团队成员所分享的经验领悟到了这一点。这一古老的知识之源能够深入发掘我们核心自我的根本，我们通常将其称为"心灵的栖居之所"或"灵感的源泉"。当然，你也可以根据自己的意愿为其命名。

　　我们深信，地球上的所有人都曾经在某个时刻触及这个领域。但在更多的时候，猜疑和无知让我们处在了这个领域之外，无法感知到它给予我们的指引。幸运的是，我们的图画可以让我们同这一神圣领域重新建立联结。

第六章

涂鸦日记作品展示

我参加涂鸦日记工作坊已经有近两年的时间了，现在我已经认识到，并不是所有的事物都能够或需要被大脑理解。通过图画表达自我，可以让我们获得更深层次的情绪信息，并将这些信息传遍我们的全身。而由此产生的对内在自我的认识，是我们的心智无法独立完成的。起初，我并不认为自己可以进行素描或绘画，但和团体中的其他人一样，我很快便发现我能够做好这件事。现在，我已经迷上绘画了。

——琼·德怀尔（Joan Dwyer）

自创办涂鸦日记工作坊开始，我们的学员每年都会在当地的一家画廊筹办名为"源自心灵的艺术"的画展。他们的共同目标是选出自己在记录涂鸦日记的过程中创作的、带给其最深刻感悟的素描、油画、拼贴画或三维艺术作品。每一件入选的作品都附有文字描述，以表明作画者对作品的思考。

为了让你体验参加"源自心灵的艺术"画展的感受，我们决定在本章向你呈现涂鸦日记艺术的彩色作品，这些作品与我们在其他画展上所看到的作品并没有任何本质上的不同。当然，本书中展示的所有涂鸦作品都是来自心灵的艺术，而这些彩色作品都需要我们看到画作的颜色才能领会其全部内涵。此外，我们总是努力选取那些能够带来最触动心灵的体验的作品，这种体验也是我们的学员在涂鸦过程中最渴望感受到的。

涂鸦日记及其所附的文字描述，是我们观察作画者内心世界的窗口。那些分享自己故事的学员相信，他们的经历不仅对自己来说珍贵无比，对他人同样有着非常重要的意义。只有同他人分享我们内心深处的想法、恐惧、愿望与梦想，我们才能激励他们去表达自己心灵的声音。

图 6-1 《黑暗中的火》（草图），来自以夏米拉·凯思琳·托马
（Ishmira Kathleen Thoma）的涂鸦日记

    "在这次的涂鸦练习中，开始时，我只是快速、潦草地画了一张草图，但是，我的灵感很快就被激发了出来，于是我完成了一幅细节更丰富的图画。这幅图画的名字叫作《黑暗中的火》。"

图 6-2 《黑暗中的火》，来自以夏米拉·凯思琳·托马的涂鸦日记

　　"我画那幅草图（见图 6-1）和这幅更为精致的图画的目的，就是要表达我内心的变化，这种变化的核心就是我对他人的同情心开始增加。图画中女人的心声由一座金杯象征。光芒从这个金杯状的物体中散发出来，它代表了我的一种新感受：不断增加的感悟和喜悦。"

图 6-3 《豹的力量》，来自琼·德怀尔的涂鸦日记

"我想要找到一个符号，它要能够代表我对使命和个人身份的全新定义。正是在这种需求的驱动下，我创作了这幅图画。这是一幅拼贴画，画中有一只美洲豹正从一张网的开口处跳出。当我将画的几个部分拼贴起来时，我能够感受到图画中的力量正在变得真实。但我觉得这还不够，所以，我又画了一个巨大的粉红色的心形，然后将这只美洲豹贴在了上面。这对我的新身份很重要，因为我想要确保我所做的一切都源自内心。这幅图画意味着，我的心灵和我的力量是相互关联的。"

"在我完成这幅图画 18 个月后，它仍旧挂在我的办公室里。它提醒我，我已经不再是被囚禁在牢笼中的困兽，并且我拥有自己的力量。这只美洲豹挣脱了禁锢和局限，它从我的本性和心灵中一跃而出。在我完成这幅图画后不久，我便创立了自己的事业。"

140

图 6-4 《灵魂之女》，来自波基塔·格林姆的涂鸦日记

"在刚画完这幅图画时，我根本不知道图画象征着什么。两周后我才知道，我的一位朋友在我画画的那天去世了。这时，我终于理解了这幅图画的含义——这是一幅关于她的灵魂得到传递的图画。我对朋友的去世及图画的意义沉思了许久，这幅象征着她灵魂的图画成为下面这首诗的灵感之源。"

一道明亮的光指引着她的前程，
为她拂去死亡的痛苦。
泪水从她的脸颊滑落，
她将消失在爱人凝视的目光里。
她的灵魂把她紧紧地包裹住，
她将穿过那狭窄的通道。
爱支撑着她，保护着她。
她梦到了母亲温暖的子宫，
她就躺在里面，轻柔、舒适。
她与海洋中的生物一起浮游，
水轻拍着她、爱抚着她，
她漂浮着、舞蹈着、被爱环绕着，
因为天堂的光芒托住了她。

在她脱离痛苦时，
所有的灵魂都围绕着她，
在恶神之间给予她庇佑。
她向着光明飞翔，
灵魂的智慧指引着她。
她的双手捧着自己的心，
飞翔。
飞向永恒的地方，
她将获得自由与尊严，
永远拥抱着自己所爱之人，
不会被遗忘，
从不曾远离。

图 6-5a 《超人》，来自罗布·布莱斯的涂鸦日记

"在创作这两幅图画的过程中，我都不知道它们代表了什么。我首先完成的是上面这幅图画，图中的那个人就是我。我躺在草地上，看起来既轻松又愉悦，旁边还有火车经过。然后，我让图画跨到了日记本的右页，接着画火车的图画。这时，图画的整体感觉发生了变化。"

图 6-5b 《超人》，来自罗布·布莱斯的涂鸦日记

　　"在我完成第二幅图画并观察它们时，我意识到这两幅图画代表着我的不同方面。其中的一个我非常悠闲自在，懂得享受生活；而另一个我则像一列高速运行的火车，总是在快速地奔向某地。我想从火车上走下来，成为那个悠闲的人，但是，我的头脑中出现了一个批评的声音，它向我鼓吹职业伦理、金钱及成功的重要性，不让我离开。这幅图画最终让我听到了自己的声音，它鼓励我勇敢地去承担风险，成为自己想要成为的那个人。"

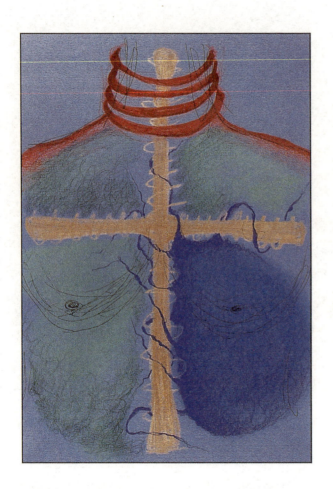

图 6-6 《十字图形》，来自萨布拉的涂鸦日记

"这幅图画代表了我内心的挣扎。有一种挥之不去的感觉在不断地告诉我：'是的，你可以！不，你无法做到！'绕在我脖子上的红色圆环禁锢了我。它们给我的心灵套上枷锁，阻碍我的信仰与宇宙交融，不允许它们进行互动。金色十字图形所代表的正是我真正的信仰。蓝色的心灵感到沉重万分，却无法突破红色圆环的封锁。绿色的部分是我的灵魂元素，它就在那里等待着。我必须通过改变图画来转化我的感受。"

图6-7 《十字图形的转变》，来自萨布拉的涂鸦日记

"第二幅便是转化后的图画。十字图形晃动得十分猛烈，它突破了封锁并开始削弱红色圆环。我与自己的信仰建立了联结，它告诉我：'我能做到任何事情！宇宙中存在着真正富足的能量！'我并不信仰宗教，所以，画出十字图形的图画让我感到很意外。然而，正是这个十字图形打破了我心灵和灵魂的枷锁，使它们得以与宇宙进行交流。"

图 6-8 《无题》，来自琳达·希尔－沃的涂鸦日记

"最初，在创作这幅画作的时候，我在内心将它视为纯粹的垃圾，所以，它的归宿本来应该是垃圾桶。然而，有人建议我继续创作下去，甚至可以剪裁它，看看最终会发生什么。我勉为其难地照做了。我找出了美工刀，又拿出了各式各样的盘子、杯子及其他家用物品。我不知道自己要做些什么，我只是抱着娱乐的心态去摆弄它。我先是用了一个杯子，接着又用了一个小茶碟，并用美工刀依照杯碟的形状剪了一堆图形。在我持续摆弄这些图形的过程中，我变得越来越有活力，并开始沉浸在这一过程中。这种感觉变成了一种祷告、一种全新的存在状态，没有计划、没有控制、没有评判。"

"最终的作品告诉我，我要踏入一个未知、没有评判的领域，在这里，一切事物都是有价值的。放下控制的幻影——踏入黑暗、丰富、充满未知的世界，学会信任、倾听和成长。"

图 6-9　《心灵与灵魂》，来自切丽的涂鸦日记

　　"在我画这幅图画的时候，我觉得我应该去理解自己的灵魂，并且这种感觉非常强烈。颜色在流动中相互渗透，有些地方的颜色非常浓重，但它们恰恰反映了我情绪的强度。图画看起来有它自己的根基，但其能量却是流动的，并且想要体验生活中的所有事情。"

图 6-10a 《火中的女子》，来自凯丽·布伦南（Kerri Brennan）的涂鸦日记

"这幅图画告诉我，太阳就在我的身体里，我的内心强大无比。我可以解决任何问题。"

图 6-10b 《火中的女子》，来自凯丽·布伦南的涂鸦日记

"画完这幅图画后，我的内心平静了下来。"

图 6-11 《宇宙》，来自凯特·西科尔斯基的涂鸦日记

　　"我的意图是停下忙碌的脚步、喋喋不休的思虑，以及那些耗费时间的琐碎家务。我想要接受爱，要想敞开心扉。当受到限制并被负面的事物所束缚时，我会厌烦自己的生活。我会觉得我的工作愚蠢极了，我的婚姻也不幸福，我的猫咪们很可怜，我的朋友们都不喜欢我，我的家人都不关心我，我又老又没有魅力……总之，我的生活糟透了。我的人生总是很消极。"

　　"在创作这幅图画时，最初我只是想要画一幅普通的涂鸦日记，但是后来，它变成了一幅拼贴画，在此过程中我感受到了很多快乐。我有些迟疑是否要使用绿色，但当我真的使用了绿色时，图画给我的感觉好极了。给图画加上星星、行星和神秘的贴纸真的非常有趣，我感到自己像孩子一样快乐。这幅满是星星人的图画就是我自己的宇宙，通过它，我感受到了幸福。"

图 6-12　《蚂蚁》，来自切丽的涂鸦日记

"我记录这篇涂鸦日记的最初意图是要画出内心的风景，并借由它在没有道德判断的情况下体察我的心灵，用爱拥抱它。"

"在我即将完成这幅图画时，画中的风景告诉我，我的心灵是一个令人兴奋的地方。这里生长着各种颜色的植物，郁郁葱葱、繁茂绚丽。蚂蚁是我生命中的一部分。它提醒我，我的心灵与外部世界是相通的。蚂蚁是勤劳的，它是一个独立的探险家，同时又注重团体协作，这和我非常像。我心里的风景如此绚烂多姿，几乎让我忍不住啜泣。我的心灵如此完美，而这些年来我却一直在质疑它，这让我感到很愧疚。我常常忘记了，我的心灵和我自己其实是一体的。"

图 6-13 《彩色铅笔女人》，来自唐娜·朱塞佩的涂鸦日记

"我画这幅图画的意图，是要消除颈部和胃部的神经紧绷感。"

"一位和我关系比较亲密的朋友正处于异常烦躁的状态。尽管我努力不让自己卷入他的麻烦中，但还是被他的负面情绪侵袭了，并且这对我的生理产生了一些影响。这幅图画就是我发泄情绪的出口，它让我的压力有了去处——家。红色和紫色代表了我的困惑，我心中充满了一些类似的我想要发泄出来的情绪。在作画的过程中，我觉得我与自我的联结越来越强，无论我的消极能量还是积极能量都是如此。最终，我的烦躁感转变成了蓝色和绿色，这让我的内心感到平静，而那些黄色和橘色则赋予了我力量。"

"图画中浮现出的那个人就是我。我的能量从四肢、颈部和头部迸发出来。观察我的两条腿，你可以看到其中一条腿很虚弱，而另外一条腿则很强壮。有一股旋风般的环形能量从我的身体中散发出来。橘色的 × 像荣誉勋章或者高高的天线，这些装饰图将我拉起，并提醒我所拥有的力量和智慧。我站的地方全是乱石和野草，这让我感受到了自己与环境的和谐统一。"

"现在我认识到，图画中隐含的信息是要我信任自己的潜力，给予自己更高的评价，并相信我的自我之中已经包含了我所需要的一切。"

图 6-14 《灵魂之碗》，来自克莱尔·萨托利－斯坦（Clare Sartori-Stein）的涂鸦日记

"我想要通过拼贴画来表达我内心的图画。我知道，我需要制作一个容器来盛放它们。我使用了豆荚、干草、金线、金葱粉、羽毛和棉花来制作这只碗，并用了一层又一层轻薄而精致的纸张把它包裹住。我对碗的内部和外部都进行了加工，在整个过程中我都心无旁骛。"

"当我对碗的外部进行加工时，一根羽毛从棉花中冒了出来。它让我想起了一句诗：'我是伟大神灵气息下的羽毛，在侍奉他的欢欣中悠悠漂浮。'就在这时，我意识到这只碗象征的是我内心的目标——去帮助他人。这只碗就是我递予他人的酒杯或餐盘。对这一点的领悟，让我对那些即将到来的更大秘密心生敬畏。"

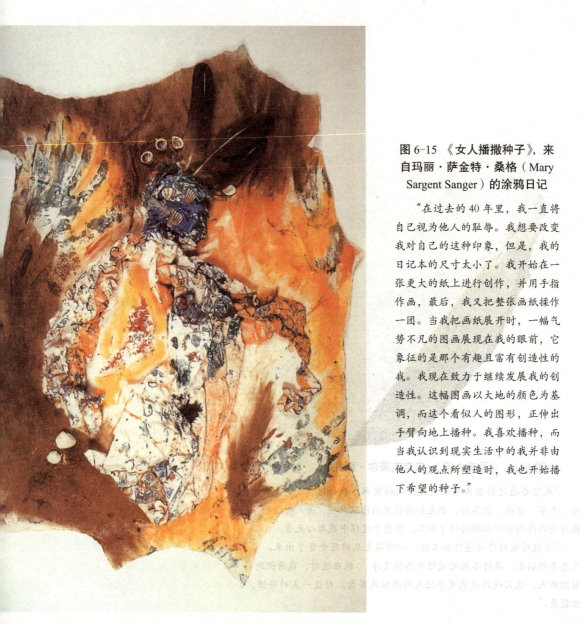

图 6-15 《女人播撒种子》，来自玛丽·萨金特·桑格（Mary Sargent Sanger）的涂鸦日记

"在过去的 40 年里，我一直将自己视为他人的耻辱。我想要改变我对自己的这种印象，但是，我的日记本的尺寸太小了。我开始在一张更大的纸上进行创作，并用手指作画，最后，我又把整张画纸揉作一团。当我把画纸展开时，一幅气势不凡的图画展现在我的眼前，它象征的是那个有趣且富有创造性的我。我现在致力于继续发展我的创造性。这幅图画以大地的颜色为基调，而这个看似人的图形，正伸出手臂向地上播种。我喜欢播种，而当我认识到现实生活中的我并非由他人的观点所塑造时，我也开始播下希望的种子。"

图 6-16《生命、死亡及其转换》，来自波基塔·格林姆的涂鸦日记

　　"姐夫的突然死亡让我感到悲伤和困惑，并且我就要离开我在瑞典的家和我的母亲了，这让我感到更痛苦。我创作这幅图画的目的，就是想要了解这些苦痛的含义。图画上的树枝都循着不同的方向生长，它们正在寻找一个家。其中有一根树枝指向天空，还有一根树枝指向大地，并且似乎有某种能量从这根树枝中盘旋而出，扎入了土地里。树的中心像一个令人眩晕的深渊，它是如此荒凉、空洞和沉重，为此，我又添加了一些代表希望的花朵。树叶会保护它们，而这片土地看起来也非常稳固。"

图 6-17 《调酒棒》，来自珍妮·金德伦（Jeannine Gendron）的涂鸦日记

"我询问这幅图画：'你是谁？'它回答：'我是一根调酒棒。我的外形被扭曲了。我曾是你的一部分，却被你压抑、隐藏起来了。你还隐藏了一些其他的东西，你想要将它们释放出来吗？'"

图 6-18 《亲爱的，你可真灿烂》，来自珍妮·金德伦的涂鸦日记

"我又画了一幅关于调酒棒的图画。它对我说：'亲爱的，你可真灿烂！'"

图 6-19 《光的存在》，来自凯特·西科尔斯基的涂鸦日记

　　"在我对图画进行文字描述时，我知道画中的图像就是我自己：光一般的存在，星星的形状，身体向外伸展，我感受到了自我的强大和个性的张扬。在我身体的中心有一扇钻石形的门，这颗钻石始终在提醒我 20 年前的一件事。那时，我和我的领导在同一个工作坊，她曾在我的图画上写下一段话：'凯特，你是一颗珍贵的钻石。'现在，当我讲述这幅图画叫，我感受到了这位女士对我的爱。然而，我内心的批判者却想要毁掉这种感受，'她是在可怜你，因为你有霍奇金病。'而我内心主管同情的一面则说：'那不是真的。'我回到了那扇钻石形的门前，我感到有什么东西在我的身体里打开了，我的双手充满了能量。我意识到这是一扇通往生命力的大门，一扇通往认识的大门。我认识到我需要的是运动、舞蹈和按摩，但更多的还是安静地坐着。"

第七章

战胜你的恐惧

如果你不做出任何判断，而是直接拥抱同情，用不同的视角看待恐惧的话，那么恐惧可以转化为一片肥沃的土地，孕育出平和、开明和接纳。

——夏米拉·凯思琳·托马

当以夏米拉·凯思琳·托马创作《戟树的转变》（见图 7-1）时，她发现了一个关于恐惧的最重要的教训：如果你不做出任何判断，而是直接拥抱同情，用不同的视角看待恐惧的话，那么恐惧可以转化为一片肥沃的土地，孕育出平和、开明和接纳。附加在图画后面的陈述是她与图画的一次对话。这段话表达的是她的一种希冀，她想要丢弃批判的箭矢和长矛，释放自己的"严厉苛刻"，并接受事物本来的样子。她从这幅图画中接收到的信息成为她生命的一个转折点。

自女儿出生后，以夏米拉已经在痛苦中挣扎了 7 年之久。以夏米拉所面对的问题和许多年轻的妈妈一样——如果将自己的时间和精力用在追求事业的话，那么她必然无法成为一位好妈妈。以夏米拉是一位画家，也是一位专业的平面设计师，同时，她也在教授一门名为无意识绘画的艺术治疗课程。

以夏米拉不想再背负她的恐惧感，不想被囚禁、被限制，因此她开始通过一系列涂鸦日记驱逐生活中的恐惧：第一幅图画是《戟树》（见图 7-2），第二幅图画被她命名为《审判》（见图 7-3），而她的最后一幅图画则是《戟树的转变》（见图 7-1）。

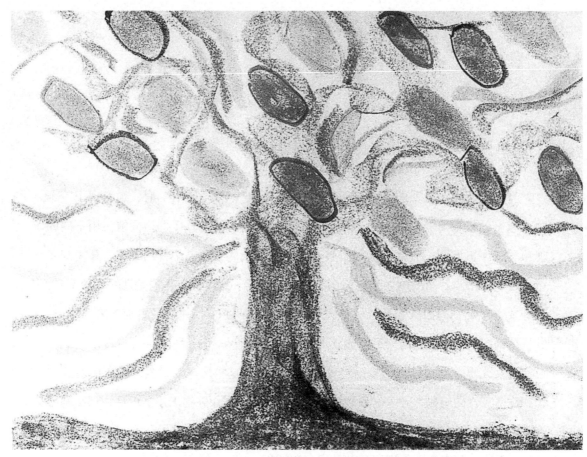

图 7-1 《戟树的转变》，来自以夏米拉·凯思琳·托马的涂鸦日记

"当丢弃箭矢和长矛时，我们的能量也就得到了释放。倘若我们能放下恐惧和道德判断，那么任何事物都会被同情所笼罩。我们都知道，恐惧的感受就像把自己装在了一个箱子里。当'严厉苛刻'流出时，'开朗平和'便会填充进来，这样我们就可以再一次自由地呼吸，使自我得到释放。"

图 7-2　《戟树》，来自以夏米拉·凯思琳·托马的涂鸦日记

图 7-3 《审判》，来自以夏米拉·凯思琳·托马的涂鸦日记

《载树》表达的是恐惧在她身体内部的感受。完成涂鸦后，她在日记本上写下了下面这些句子："绿色的土地及其下面的彩虹代表了我的创造力，但它却被这棵贫瘠且毫无生气的树扼制着。树的周围满是灰暗、恐怖的载叶，可这些载叶来自哪里？是来自我不可能同时做好妈妈和画家的想法吗？"

为了解答这一问题，以夏米拉画了《审判》（见图 7-3）。图中的她蜷缩着身体，用一只手臂护住自己的头，以阻挡箭和长矛对自己的伤害。这些箭和长矛在她看来就是他人对她的评价，尤其是她的妈妈。她的妈妈在年轻的时候放弃了自己的艺术天赋，全心抚养孩子。"这些来自家人的批评真的让我很痛苦。"她在谈论自己的图画时，对团体中的其他成员说道，"这就是我的恐惧感的来源，我觉得自己永远也成不了家人眼中的好妈妈。对我而言，我爱我的女儿，我希望自己能够时时刻刻都陪伴着她，但是，我也很热爱我的绘画事业。在我的生活里，这二者是缺一不可的。然而，要在它们之间找到平衡又极为困难。"

在以夏米拉向团体成员解释完图画的内涵后，我们询问她是否知道自己的恐惧都诱发了哪些情绪。她告诉我们，很多年以前她就开始创作一幅图画，但始终未能完成，因为这幅图画让她感到恼怒和绝望。一周之后，以夏米拉把她的这幅画带到了工作坊。我们把这幅图画展示出来，尽管它并不是以夏米拉在涂鸦日记练习过程中完成的作品。这幅图画告诉我们，重要的不仅是辨识自己的恐惧，还要了解因恐惧衍生的其他情绪。

以夏米拉告诉我们，这幅她称之为《审判原作》（见图 7-4）的图画帮助她看清了自己数年来的情绪和感受。"图画中站着的女人代表审判者，而那个蜷缩在地上的人就是我。我身上象征创造性的那只翅膀被审判者用剑斩断在地。我之所以永远都

图 7-4 《审判原作》，来自以
夏米拉·凯思琳·托马的涂鸦日记

无法完成这幅图画，是因为它将我所有的愤怒和绝望都表面化了。所以，当你们问恐惧诱发了我的哪些情绪时，我就记起了这幅图画。直到完成这三幅涂鸦日记之前，我始终都无法消除自己的愤怒。"

"对我来说，真正有趣的是创作《戟树的转变》的过程。"以夏米拉继续说道，"某种感觉告诉我，我应该将第一幅图画《戟树》彻底颠覆，这样我就能够真正从不同的角度观察自己的恐惧。就是在此时我才意识到，当彩虹在顶部时，那些围绕着这棵丑陋的树的戟叶——我的恼怒、绝望及那些批评的声音——终将化作春泥。有了它们滋养土地，我的创造力才能够生长、繁茂。这一灵感和愿景最终成就了《戟树的转变》这幅图画，并让我放下了恐惧和愤怒。"

"我竟然让自己被恐惧情绪禁锢了这么多年，想想都觉得诧异。现在，这种情况永远都不会再出现了。我已经找到了一种折中的方法，我会和我的丈夫一起解决问题，这样我就能够在进行艺术创作的同时，尽我最大的努力去照顾我的小女儿。这不是一个非此即彼的问题。我的家人可能觉得我必须做出选择，但我并不这样认为。我无法改变他们的思维方式，尽管这是我近些年来一直都想做的事。然而，我却可以改变自己思考问题的方式。无论行动上还是思想上，我都可以不被他们的价值观所桎梏。"

发现恐惧的教训

和以夏米拉一样，我们的内心也存在着各种各样的恐惧。当执着于某种非理性、不切实际的恐惧时，我们的灵魂会借助生理感觉来发声，并要求我们做出改变。如果听不到灵魂的呼喊，我们的身体就会产生恼怒、愤恨和敌意的情绪。我们可以在恐惧面前踯躅不前，任由它们禁锢我们的决定和选择；或者我们可以将它们转化为一种动力，让它们督促我们做出改变。我们的恐惧可以教会我们如何区分自我与他人的信念和期望。在此过程中，我们会形成新信念，而这种新信念将与我们自身的需要更加协调统一，进而帮助我们达成个人目标。记住，选择权就掌握在我们的手中。

正如以夏米拉所发现的那样，一旦我们决定面对恐惧，质疑它的合理性或者它与我们生活的相关性，探究它产生的根源及它带给我们的经验和教训，我们就能将恐惧转化为挖掘最高潜能的垫脚石。

第四周：战胜恐惧

如果要战胜恐惧，那么你首先要认识到它的存在（见图 7-5）。之后，你才能接近并排解由其引发的情绪。排解的过程会打通你与内心进行交流的路径。在聆听内心的声音的过程中，你会找到恐惧想要给你的告诫。

在涂鸦日记第四周的课程里，你将有机会查看自己所有的恐惧。如此一来，你我害怕让别人失望。说不。这不是我想要的，它会伤害我的灵魂。我感到刻薄、不完美、焦虑——我真的做了正确的事情吗——假如？我有时候觉得自己应该答应下来，为什么不呢？但我的直觉是要拒绝。有时候，我做这些事会感到很痛苦。

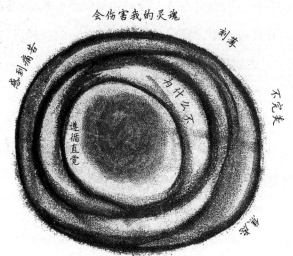

正确的事情理应遵循直觉

我很想记录涂鸦日记，但我真的做完手头的事情了吗？我现在很烦躁——还没开始工作就已经摄入太多的糖和奶制品。

图 7-5 《我害怕让别人失望》，来自布梅·丘吉尔的涂鸦日记

就能够发现哪些恐惧是非理性或不切实际的，它们又是如何限制你的梦想、目标和愿望的。而这一过程的最终目标，就是找出那些你想要排解的恐惧，并将其由限制因素转化为走向更大可能的垫脚石。

练习 1：发现恐惧

以下练习可以帮助你辨识自身的恐惧。从下面的清单中找出你在生活中遇到的恐惧（即便你并不会经常体验到它），并将其记在日记本上。

- 答应他人的请求
- 拒绝他人的请求
- 让他人失望
- 犯错
- 在新的尝试中失败
- 继续进行新的尝试
- 做决定
- 改变想法
- 更换职业
- 更换工作
- 失业
- 缺钱
- 钱太多

- 无家可归
- 退休
- 无法照顾自己
- 独处
- 独自生活
- 独自入睡
- 孩子长大后离开家庭
- 孩子死亡
- 孩子受伤
- 爱人死亡
- 爱人受伤
- 照顾年迈的父母或亲戚
- 送爱人到疗养院

- 自然灾害（飓风、地震等）
- 战争
- 故事收场
- 结束一段恋爱关系
- 开始一段恋爱关系
- 亲密
- 承诺
- 结婚
- 离婚
- 为人父母
- 结交朋友
- 拒绝
- 感到被冷落
- 失去一位密友
- 拨打电话
- 担心自己死去
- 慢性疾病
- 危及生命的疾病
- 告诉他人自己患有某种疾病
- 致命疾病的复发
- 某种成瘾行为的复发
- 承认自己有成瘾行为

- 治疗自己的成瘾行为
- 体重增加
- 体重降低
- 身体太过瘦弱
- 意外事故
- 抢劫、强奸、躯体暴力
- 遭遇入室盗窃
- 证明自己
- 接受采访
- 在公开场合发言
- 进入一个里面都是陌生人的房间
- 任何改变
- 做一些看似愚蠢的事情
- 在他人不赞同的情况下陈述自己的观点
- 为自己的信仰辩护
- 买房子
- 开车
- 感到无助或能力不足
- 被利用
- 不赞同他人的意见
- 脆弱感

- 受到批评
- 被视为失败者
- 承认自己的错误
- 道歉
- 变得愤怒、沮丧或暴力
- 承认自己很快乐

- 承认自己不快乐
- 感觉自己不够好
- 感觉自己不够资格
- 感觉自己不够聪明
- 没有包含在此列表中的其他恐惧

练习2：辨识非理性或不切实际的恐惧

一旦你辨识出了自己的恐惧，就可以从中挑选出那些非理性或不切实际的恐惧。

该如何辨别其中的差异呢？有些恐惧在我们的生活中是不可避免的，如对强奸、抢劫、非法闯入、战争或自然灾害的恐惧。还有一些恐惧是我们的本能反应，如对失去爱人、失业或在新的尝试中失败的恐惧。这些恐惧都是理性且契合实际的，除非（这个限定词非常重要）它们操控了你的生活，或者你的行为方式对自己或他人造成了阻碍。

当你浏览自己写下的每一种恐惧时，思考一下这个问题：这种恐惧是否会妨碍你自己或他人的生活？如果你的回答是"是的"或者"也许"，那么请在这种恐惧下面画下划线。接着，再浏览一遍上述清单，并在你准备好要消除的恐惧类型旁画对勾。

当你沉浸在痛苦的情绪中时该怎么做

正如我们在本书开篇所讲的那样，涂鸦日记会引发一些痛苦情绪，而你可能还没有做好充分的准备来应对这些情绪。如果在这六周的课程中，你发觉自己受到某种情绪的困扰，那么你可能需要约见一位专业的心理咨询师或心理治疗师，他们可以引导你换个角度看待问题，帮助你处理自己失控或异常强烈的情绪或感受。当你感到困惑或缺乏安全感时，他们还能够为你提供必要的支持。

关于坚持进行定期签到练习的提醒

尽管本周的任务是辨识和探究自己的恐惧情绪，但是我们仍建议你在这段时间里进行一到两次普通的签到练习。不论你每周的焦点是什么，在为期六周的课程及之后的时间里，签到练习都至关重要。只有这样，你才能了解日常生活中的特定事件和境遇带给你的情绪或感受。

帮助你消除恐惧的练习

本章的四个练习的目的是帮助你消除生活中非理性或不切实际的恐惧。你需要谨记的是，战胜你的恐惧并不意味你将永远不会再受到它的牵制，战胜它仅仅意味你已经决定不再让它控制你的思维、选择和行为。

在第一个练习中，你需要选择某种你已经准备好应对的恐惧，并获取最能表达它在你身体内部的感受的图画。在完成图画后，你可以使用接下来的自我探索问题帮助自己了解图画传达的信息。

第二个练习能够帮助你接触所有与你的恐惧相关的情绪。绘出与你的情绪相对应的图画（见图7-6），并探寻它们与你的恐惧感受之间的关系，这样做可以使你的

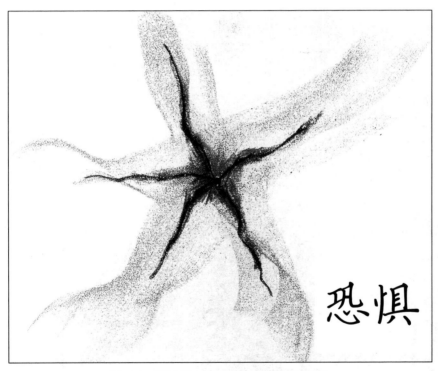

图 7-6　《恐惧》，来自克莉丝汀的涂鸦日记

"我的恐惧源于我不能很好地掌控一些事情——班级、学校、规划、心理学课程。我担心自己会做出错误的选择和决定，我担心我无法给予自己足够的支持，我担心自己会犯错！"

情感免受恐惧的控制。在第三个练习中，你可以要求你的内心给你一幅图画，这幅图画所代表的是你的恐惧想要教给你的东西。在第四个练习中，你要摧毁这幅图画，它所象征的是你将这种恐惧从生活中清除出去的决心。

针对清单中的每一种恐惧，你都可以借助这一系列练习将其清除。然而，由于这是一项极为重要的改变人生的工作，因此我们建议你在一周之内最好不要处理超过两种恐惧。因为这些练习将会耗尽你的精力，并且它们可能还会勾起你那些尚未治愈的情感创伤。在做好准备排解这些创伤之前，你可能需要一段时间对这些创伤进行整理和分类。六周的练习课程结束后，你将会有充分的时间处理清单中的各种恐惧（见图 7-7）。

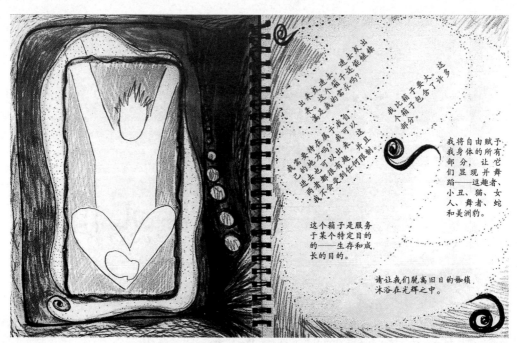

图 7-7 《进去或出来》，来自琼·德怀尔的涂鸦日记

练习3：获取有关恐惧的图画

既然你已经辨识出自身的非理性恐惧，并且在那些你想要消除的恐惧类型上做了标记，那么请选择一种你想要在此次练习中消除的恐惧（你想要消除多少种恐惧都没有问题，但请记住，一次只能处理一种恐惧）。打开日记本，找到两张相邻的空白页，在日记本的左页写下你要消除的恐惧。在恐惧的下方写下一两个句子，以解释为什么这种恐惧是不理性或者不切实际的。然后，再写下你创作这幅图画的意图，这个意图应该在某种程度上反映出你的愿望——获取恐惧在你身体内部感受的图画。现在，请你找一个舒适的地方，并依照以下引导语进行练习或用手机扫描旁边的二维码边听边做。在此过程中，你可以自由地借助动作和声音来完成绘画。

- 闭上双眼，做几次深呼吸。在深呼吸的过程中，将注意力集中在胸腔的起伏上。继续深呼吸，直到你感觉到已经与自己的身体建立了联结。
- 将意识聚焦在你的恐惧上，试着回忆你上次感受到它时的情景。当时发生了什么？将这种经历在你的内在视觉前重演。让自己体验那种恐惧的感觉。注意恐惧在你身体中的位置。

（仅供参考）

- 将你的意识集中在恐惧体验的生理发生区。想象一下，如果它是一幅图画的话，这幅图画应该是什么样子的？
- 在你获得某种画面或感知后，睁开双眼，将它画在日记本的另一页。

自我探索问题

在完成绘画后，你将会获得一幅代表你的恐惧的图画，观察这幅图画一段时间，然后在日记本的左页回答自我探索问题。这些问题将会帮助你了解你的图画想要向你传达的信息。

1. 关于你体验这种恐惧情绪的方式，图画都告诉了你些什么？

2. 图画中的颜色告诉了你些什么？

3. 最近你有没有再次体验过这种恐惧感？如果体验过，当时的情景是怎样的？

4. 观察图画中的每一种图案、颜色或符号。如果它们能够说话，关于你的恐惧，它们会告诉你些什么？

5. 图画有没有暗示你需要做一些事情以克服这种恐惧感？

6. 在生命的哪些时期，你还曾体验过这种恐惧情绪？

7. 现在，当你观察自己的图画时，你是否找到了任何与你的恐惧问题相关的信息或意义？如果找到了，它是什么？

8. 你觉得自己对这种恐惧的应对方式是怎么样的？

9. 你想改变自己的应对方式吗？你想要怎样改变？

10. 你想为图画添加些什么，或者哪些东西是你想要从图画中移走的？这些改动需要反映出你想要做出改变。如果你知道你的图画需要做哪些改动，那么就尽情地去改变它吧！

11. 对于改动后的图画，你有哪些体会？

12. 关于你的恐惧，改动后的图画都告诉了你些什么？

每个人的恐惧图画都是不同的

尽管恐惧是我们所有人都有的情感，但却没有哪两个人会以完全相同的方式体验同一种恐惧，并且其生成的恐惧意象也不尽相同。接下来的这些涂鸦日记（见图7-8、图7-9和图7-10）表明，当我们的学员尝试去辨识和克服自身的恐惧时，他们会形成各种各样的意象化表达。

相信自己可以战胜恐惧

和萨布拉一样，我们所有人都应该自信并满怀希望地克服恐惧。然而，仅仅去转化你的恐惧图画是远远不够的，你还必须相信自己具有执行这种转化的能力。正因如此，改变往往始于你决定相信自己的那一刻。为了做到这一点，你必须明白，你之所以对自己缺乏信任，是因为多年来你都在听他人对你讲你不够优秀、不够独特、好的事情不会发生在你身上。这就像萨布拉所经历的那样。这些观点不应该成为你的信念。改变始于你决定抛弃那些有害的消极信念的那一刻。这时，并且也只有在这时，你才能从内在将恐惧转化后的图画激活。

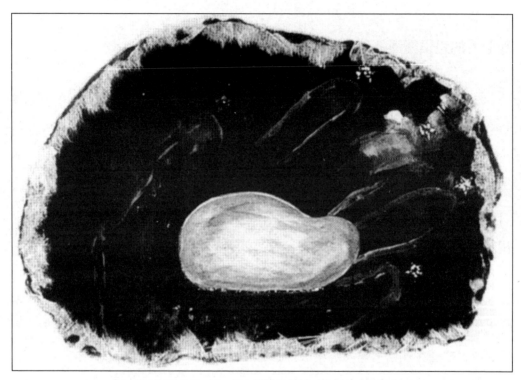

图 7-8 《恐惧是……》，来自凯特·西科尔斯基的涂鸦日记

"恐惧是……失败、绝望、弱小、软弱、生气、愤怒、自毁、失控、哭泣、悲伤、不知所措、不快、疼痛、不被倾听、苛求、枯竭、疲惫。"

"今天我一直在注意我的双手。我想要摔碎一些东西，击打和砸烂它们。我在外面敲了一会儿鼓，并且还尖叫了几声。这让我的心情平静了一些。然后，我画了一个黑色的洞穴，里面还有一个黄色的物体。这是一幅转化后的图画。在我画完黑色的洞穴和黄色的物体后，我开始在整张纸上按手印。其中一个手印被我用力地印到了洞穴里，它可以给予黄色物体以支持。这也提醒我，当我有这些感受时，要温柔地善待自己。"

图 7-9 《动物面具》，来自唐娜·朱塞佩的涂鸦日记

　　"我在一张平铺的纸上作画，我的意图是了解自己因脱离父亲的影响而感受到的恐惧。关于一支黑色铅笔的图画很快就出现在了纸上，它似乎被抛起来了。我的内脏器官是红色的。黑色的木炭墙开始挤压我，我感到头晕目眩。我用来涂抹木炭色的小棉花团上也留下了痕迹和颜色。我花时间去抚摸并折叠它，就好像它是我的安全毯（婴幼儿抓住后会获得安全感的小绒毯）一样。然后，我将纸张折叠成手掌大小。这一点很重要，因为所有事物都该被握紧并关闭严实——切断它们与外部世界的联系。接下来，我需要找到火。我拿起一根蜡烛，到室外将其点燃，并开始燃烧纸张的边角。我将灰烬掸入土壤里，然后，我把这张纸揉成一团，并将它在地面上轻轻地揉搓。我想要借此消除父亲对我的影响。我进入室内，打开纸张，一副狼的面具出现了。"

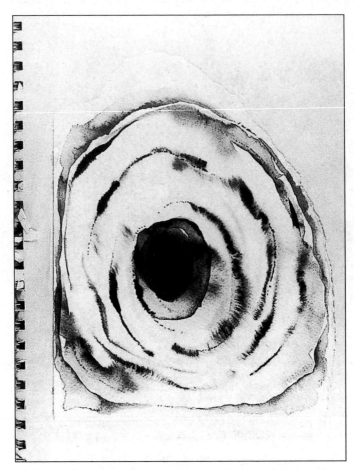

图 7-10 《我孤单时感受到的恐惧》，来自萨布拉的涂鸦日记

"我孤单时感受到的恐惧——世界上所有美丽的事物都不是为我准备的。我从事艺术工作、寻找伟大名胜的梦想不会实现了——好事情都是属于别人的。与这幅图画对话……图画中心的那个'东西'就是我。我迷失在了绝望的深渊中——我与这个世界隔绝了，而生活中的事情却需要我去完成。围绕着我的灰色漩涡不放我出去，不让我穿越它。我并不相信自己——如果我相信自己的话，我将会摆脱这深深的绝望。为了逃离这里，我需要些什么？需要希望的翅膀背负着我飞离这里——非常强壮的翅膀。我需要被带出去，但是，我需要宇宙力量的帮助。我需要相信自己并充满希望。"

萨布拉绘出了其转化后的图画《翅膀》（见图 7-11）。她将这幅图画分享给团体成员，她说："当我画这两只翅膀时，我不想让它们固定不动。这告诉我，克服恐惧的关键是采取行动，不要困守在一个地方。在我当下的生活里，真正的悲伤源自他人对我说的那些话——我不配拥有那些美好的事物，好的事情永远不会发生在我身上。我已经准备好将这些话抛诸脑后了。它们再也不能束缚我了，因为我已经准备好展翅高飞了。"

图 7-11　《翅膀》，来自萨布拉的涂鸦日记

练习 4：询问你的内心恐惧教会了你什么

恐惧和其他所有经验一样，它闯入我们的生活，告诉我们需要知晓之事，从而帮助我们成为那个我们本应成为的人。为了实现我们的全部潜能，我们必须接受生活给予我们的全部挑战。恐惧常常是阻止我们应对这些挑战的唯一障碍。尽管我们可能会将我们的障碍或限制归结为缺乏资金、机会、能力，或者他人不愿意与我们合作，但事实上，这只是因为我们不愿意去面对自身的恐惧。正是恐惧让这些不利因素看起来不可逾越。当我们拒绝被自己的恐惧所局限时，所有的事情都将开始发生变化——我们思考问题的方式、采取行动的方式及他人看待我们的方式。

改变始于一个想法：我不会让恐惧阻止我。这个想法是我们得以前进的起动装置。然而，我们还需要一些燃料才能让自己真正动起来。并且我们在克服恐惧的过程中所学到的知识就是我们的燃料，这种知识只有我们的内心才能提供给我们。接下来的练习将会帮助你从内心获得一个象征符号，它所代表的就是恐惧给予你的告诫。一旦你获得了答案，你将能够把恐惧转化为燃料，泰然自若地前进（见图 7-12）。

当你准备好后，打开日记本，找到相邻的两张空白页，并在左页上写下意图。你的意图必须能够清晰地表明你想要获取一个象征符号，而这个符号所代表的正是你想要获得的告诫。现在，请你找一个舒适的地方，并依照以下引导语进行练习或用手机扫描旁边的二维码边听边做。

- 闭上双眼，做几次深呼吸。在深呼吸的时候，感受胸腔的起伏，并将意识集中到身体上。继续深呼吸，直至你感觉到你已经与自己的身体建立了完全的联结。

- 想象你的意识是一粒微小的光珠，它依偎在你的内心深处。心灵是内心的守护者，是内心的定居之处。当你的意识集中到心灵时，对你之前所绘出的用以表达恐惧的图画进行观察。

（仅供参考）

- 在你用内在视觉观察这幅图画时，让内心用一个象征符号来替代这幅图画，这个符号所代表的是你的恐惧给予你的告诫。

- 在获得这个符号后，睁开双眼，将它画在你的日记本上。

自我探索问题

在完成象征符号的图画后，花一点时间去观察它。当你准备好后，回到日记本的左页，写下你对以下问题的回答。

1. 这个符号给了你怎样的感觉？

2. 关于你的恐惧，你觉得它想要告诉你些什么？

3. 图画中的颜色对你意味着什么？

4. 这些颜色正在试图告诉你些什么？

5. 如果符号可以说话，关于你需要吸取的教训，它会告诉你些什么？

6. 你打算如何运用学到的东西改变你先前的信念？

7. 你打算如何运用获得的新信念消除恐惧？

8. 如何将你的恐惧转化为内在的财富？

9. 当你克服自身的恐惧后，你的生活会有怎样的变化？请详细说明。

图 7-12 《这是我的剑》，来自唐娜·朱塞佩的涂鸦日记

"当我把一张纸像剑柄一样缠绕在我的手上时，我有了一种不一样的感觉。所有情绪一起向我涌来——泪水、愤怒、痛苦、憎恨、力量。当我手持我的剑时，它给了我成为最好的剑术家的力量。没有人可以接近我。人们都畏惧我。这是灵魂的死亡。我想要斩断同母亲之间的联结。这里是一片火海，充斥着热量、咆哮、野兽般的杀戮。有两只母狮在战斗。它们暴虐着、撕咬着、撞击着。痛苦的泪水落下。我同宝剑舞蹈，发出咆哮声。现在，我觉得平静了，就好像有什么东西从我的身体中抽离了。我的左手突然很痒，这是什么东西被释放的迹象。我想用一种更为温和的方式消除母亲对我的影响。我想要道歉——母亲，我要为你因我而承受的一切苦恼道歉。我并不是故意要如此。我感到困惑又迷茫。我不会把自己的遭遇归咎于环境、时运或机遇。作为一个成年人，我想说对不起，唯有这样我才能继续前进——没有妨碍、没有负担、没有责备。那时，我判定自己是一个招人厌恶的女人，永远都不可能结婚——没有人会爱上一个像我这样丑陋的女人。我告诉自己，我和其他女孩不一样，她们永远都不会喜欢我。我让自己远离这个世界。现在，我发现，我已经远离自己、抛弃自己，并且我在拿母亲的形象同自己比较，我不希望自己在任何方面成为她那个样子。然而，我身上或许处处都是她的影子。我的剑帮助我刺穿了时间，刺穿了被压抑的情绪和情感。我爱我的剑，我爱我的母亲，我爱我自己。"

练习5：释放你的恐惧——燃烧仪式

既然你已经用图画描绘了自己的生活将会有怎样的改变，那么你还必须经历最后一步——释放生活中的恐惧。如果你已经做好了准备——最重要的是假如你也愿意的话，那么你可以通过燃烧图画的方式消除恐惧。这个仪式将引导你在意识层面、潜意识层面和细胞层面将恐惧释放出来。要想让改变真正持久有效，就必须同时发生在这三个层面，这也是我们在第四章所讲的内容。

当你完全肯定自己已经准备好并且愿意释放自身的恐惧时，请依照以下引导语进行练习或用手机扫描旁边的二维码边听边做。

- 将你在本章练习3中所绘的恐惧图画从日记本上取下来或撕下来，把它带到户外一个安全且私密的地方，确保那里没有风。你还需要一盒火柴或一个打火机，以及一小瓶水。找一块没有任何可燃物的空地，用石头围成一个小圆圈，这个圆圈要大到足以容下你的图画。将你的图画放置在圆圈内，并大声地重复以下誓言：

（仅供参考）

我已经准备好并且愿意将这种恐惧从我的生活中清除出去。现在，既然我已经得到了恐惧给予我的告诫，那么我就不必再背负它前行了。我永远都不会再让这种恐惧干扰我的生活了。

- 闭上双眼，做一次深呼吸，邀请宇宙或更高的自我——任何你觉得最自然的概念——见证并确认你和恐惧的告别。

- 睁开双眼，将你的图画点燃，看着它燃烧，宣布和它告别。等到最后的一点残余也焚烧殆尽时，记得要向你的恐惧道谢，感谢它所教给你的一切东西。

- 等到火焰熄灭只剩下灰烬时，用土将灰烬完全盖住，或者在上面倒一些水，以确保它们不会复燃。

让我们畏惧的东西将再度出现

我们赞成这样的观点，即我们畏惧的东西将再度出现。换句话说，如果我们为某种恐惧而忧虑，并允许它控制我们的生活的话，最终我们恰恰会绘出这种畏惧之物（见图7-13）。这一观点基于一个古老的普遍规律——吸引力法则。换句话说，我们所得到的正是我们所暗自期许的。例如，如果一个男人害怕丢掉工作，那么他会无意识地采取一种适得其反的消极行为方式，并最终危及自己的工作。如果这个男人不仅能认识到自己的恐惧，还可以下定决心改变诱发自身恐惧的信念，那么他将会有意识地改变自己的行为，让自己的做事方式更积极、更具建设性，并最终将自己的恐惧转变为财富。

我们希望你能在将来继续重复本章中的各项练习，直到处理好你想要消除的所有恐惧。不过，你要知道，有些恐惧可能是你当前还没有准备好去探索和消除的。这完全没有问题。尊重你的阻抗反应非常重要，因为它可能暗示着你还没有接受这种恐惧给予你的告诫。当消除恐惧的时机来临时，你会感应到它。请牢记，应对恐惧很可能会成为贯穿你一生的课程。

图 7-13 《害怕毛衣》，来自希拉·查伦的涂鸦日记

　　"黏稠的绿色是我最害怕的颜色。但最近，我被这件丑陋又毛茸茸的毛衣吸引住了，它的颜色正是我所惧怕的绿色。经过一番深思熟虑后，我买下了它。穿着这件毛衣时，我会说：'是呀，我很害怕。但那又怎样？'此时，我的胸膛也挺了起来，而最为重要的是，我学会了挺胸抬头。内心害怕绿色毛衣，而身上却穿着绿色毛衣，这让我害怕极了。而不知怎的，这又让我觉得好多了。"

第八章

解决内心冲突

艺术创作过程本身就具有治疗性，因为它能够让我调解并表达截然对立的感受和想法。

——理查德·纽曼（Richard Newman）

在生活的大部分时间里，凯丽·布伦南都选择了把自己隔离起来，因为她很害怕，害怕自己和他人看到她内心真实的自我（见图 8-1）。她唯一敢于向他人展示的一部分自我，就是她完美的外壳。她小心翼翼地打理着这个外壳，因为这能够保护她内在脆弱的自我。

为了顺应家庭和文化的期望，凯丽做了很多人在年少时都会做的事情——改变自己。她忽视了自己内心的真实想法，并变成了她认为自己必须成为的那个人。她觉得唯有如此，自己才能融入群体，才能被爱、被接纳。凯丽相信，如果她能变得完美，如果她能够照顾他人，那么就不会有人看到她的恐惧和需求，就没有人会使她失望，而她也不会令他人失望。然而，到了最后，忍受这样的内心冲突对她来说成了一种难以承受的折磨。凯丽的内在自我——她的灵魂，开始借助她的涂鸦日记发出声音。凯丽的灵魂为她指明了方向，告诉她该如何在与他人和谐相处和接纳并尊重真实的自我之间寻找平衡，因为她的完美外表事实上是不存在的。

尽管各有不同，但在我们的一生中，我们都会在某个时刻遭遇这样的内心冲突。

图 8-1 《睁一只眼，闭一只眼》，来自凯丽·布伦南的涂鸦日记

"多年以来，我一直在努力让自己变得更完美，照顾他人并让自己变得坚强起来。我的人生一直处于挣扎之中，我想要他人接受真实的我，并且我也想要接受我自己。我不想把自己展示给这个世界，因为我对自己没有信心。这幅图画让我领悟到，如果我只是关注外部世界，我将永远无法看到那个内在的自我。但是，如果我睁一只眼望向外部世界，而闭上另一只眼观察内在自我，我就能获得平衡。而当我处于平衡状态时，我的内心将不会再有挣扎、冲突。我将变得坦然、敞亮，我的内心之光也会因之闪耀。而到了那一刻，我会想要和他人分享这一切，让他们看到真实的我。"

对我们中的许多人来说，调解真实感受和外部行为之间的冲突，会是困扰我们一生的难题。

内心冲突因何而起

当我们的内心对一件事的看法与我们的言论及行为不一致时，冲突就出现了。在这种情况下，我们的信念系统告诉我们，我们的思想或观点是不可靠的，必须屈从于他人的观念。这种情况的极端表现就是，最终我们会发现自己已经完全无法独立地在生活中做出决策。

觉察内心冲突

当我们内心想要拒绝，而嘴上却在接受时；当我们背弃自己的真实感受，牺牲自身的需求去取悦他人时，内心冲突就出现了。本章开头所引用的理查德·纽曼的话就是关于内心冲突的。理查德将内心冲突描述为两种截然对立的感受——情绪的两个极端。

关于对立情绪的例子：你可能对配偶或伴侣的某种行为感到极端愤怒，但你并没有直接告诉他你的感受，你选择说服自己这件事无关紧要，不值得你为之心烦，并继续若无其事地生活；又或者你正在参加一次聚会，期间有人讲了一个笑话，你内心感到不悦，但是，你并没有选择离开或把自己的想法表达出来，而是和其他人一样大笑。

　　大部分人在为这种错乱行为辩护时都采用了同样的陈腔滥调——"就这样得过且过吧""不要兴风作浪""你笑，世界与你同笑；你哭，只有独自哭泣。"然而在这件事上，我们更愿意采取心理学家及畅销书作者韦恩·戴尔（Wayne Dyer）的观点。韦恩常说，只要我们还在让他人的观念左右我们的思考、行动及如何为人处世，那么我们就不会知道什么是真正的自由。每次为取悦他人而背弃自己的信念、观点和需求时，我们就是在放逐自己的一部分灵魂。最终，我们的灵魂之火会变成一堆灰烬。

恐惧是驱动我们内心冲突的燃料

　　我们的冲突想法、行为和举动皆源自我们根深蒂固的一种信念：如果我们不能满足他人的期望，就会遭到他们的奚落、指责，并失去他们对我们的爱。这就是为什么凯丽会感到害怕。在凯丽看来，显露真实自我是一件非常危险的事。直到她最终认识到，真正的危险在于她没有成为那个她本应成为的独特个体（见图 8-2）。

　　随着你不断深入地学习辨识和质疑自身的恐惧——尤其是那些基于错误信念的恐惧——你会越来越善于寻找内心冲突的源头。在上一章中，你已经学会了如何辨识自己的恐惧，以及恐惧背后隐藏的生活课程。当出现非理性恐惧和内心冲突时，这些基础工作将帮助你发现它们之间的关系。

歌曲——萦绕在我的脑海里——我正要走出来，
我要让世界都知道，让世人都看到

挣扎，挣扎着想要藏在一个包装盒里。完美的包装盒。包得严严实实的盒子，把自己装进去，捆好并约束起来。

图 8-2　《我正要走出来》，来自凯丽·布伦南的涂鸦日记

"我总是需要一个密封完美的包装盒，把自己装进去、捆扎好并约束起来。当我在画这个快要被勒断的包装盒时，我感到《我正要走出来》（I'm Coming Out）这首歌的歌词不断萦绕在我的脑海里。而这就是我正在做的事情。再也没有所谓的完美盒子了，因为我就要出来了！"

内心冲突是压力的主要来源

内心冲突是由思维和情感的不一致所引发的。更确切地讲，你的思维及其信念系统会使用道德判断和批判思维作为标尺来衡量一件事的是非对错，并告诉你什么是应该做的、应该想的，以及应该感知到的。而与此同时，你的内心会借助你的生理感受和情绪反应告诉你，对你的人生终极目标及你为了实现这个目标所必须走的路径而言，什么才是最好的（见图 8-3）。

图 8-3 《绽放我内心的光芒》，来自
凯丽·布伦南的涂鸦日记

"在这幅图画中，我已经破壳而出了，所以我把外面的包装盒转化成了一条裙子。我的翅膀伸展开来，我内心的光芒也从蕾丝缎带中喷涌而出。之前，我一直让自己关闭这种光芒。现在我能感觉到自己内心的光芒涌了出来。"

当你的思维和内心处于冲突状态时，你的身体会以紧张感来回应。请谨记我们在第四章所指出的所有压力迹象——肌肉紧张、血压升高、释放应激性激素，这些反应会危害我们的免疫系统，引起剧烈的头痛、背痛、颈痛、失眠、疲劳及注意力难以集中等症状。如果你发觉自己的身体出现了以上任何一种预警信号，那么你完全可以断言自己正处于思维和内心的强烈冲突之中。如果你没有注意到这些预警信号，不仅会因此丧失活出真实自我的自由，你的身体还会为未解决的内心冲突付出一生的代价。

第五周：解决内心冲突

要解决你的内心冲突，你必须首先意识到它的存在。探查内心冲突的最佳方法，就是留心你身体的某些部位是否出现了紧张感、不适感或疼痛感，如头痛、偏头痛、肠道激惹综合征、反胃或胃酸分泌过多。所有这些症状都可能是与冲突相关的应激迹象。然后观察一下，当出现这些症状时，你的生活中都发生了什么。你的言行是否与内心的真实感受相冲突？如果是，你需要检查一下自己当前存在的问题。当然，若要从多个层面探索一个问题及其相伴而生的情绪，没有什么方法比涂鸦日记更好了。

第五周涂鸦日记练习的目标是帮助你探查生活中的所有问题，寻找那些可能会给你造成思维与情感冲突的事件（见图 8-4）。在第一个练习中，为了找出造成冲突的对立情绪，你需要将自己对某一问题的看法与代表你情绪反应的图画作对比。之后，你将会使用图画表达来自内心的观点。通过这次练习，你将会认识到内心所具有的超越理性判断和期望的能力，以及它所给予你的指导中包含的智慧。

而最后的练习可以让你观想到一个符号，它所代表的是你在这一生中的终极目标。洞察这个目标，能够让你在未来面临两难选择时与内心的指引保持协调一致。

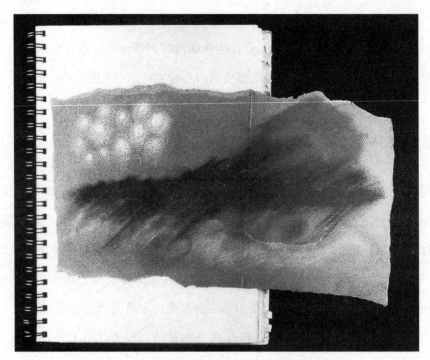

图 8-4 《感觉丢失了灵魂》，来自萨布拉的涂鸦日记

"在我还是个小女孩的时候，我有着太多的能量，而我的家人并不喜欢我的这一特点。对他们来说，过多的能量是一个麻烦。久而久之，我就对生活失去了热情。我的过多能量开始被恐惧所替代：害怕自己做事过火，害怕因为做错事而失去他人的爱，害怕自己的热情。我的热情让我感到痛苦。"

"我仍然能够感受到这种冲突。它让我丢失了自己的灵魂。为了表达我的感受，我必须将这幅图画放在日记本上。蓝色部分代表的是我的灵魂和精神，绿色部分代表的是我的心灵，而边角上的黄色斑点则代表的是我心灵上的孔洞。红色部分代表着隔离、批评、否定及未被治愈的愤怒。我想要搬离我现在住的地方，并换一份工作。"

"红色部分辐射进了我的心灵和灵魂，它颤动得如此厉害，以至于我的心灵无法与灵魂建立联结。白色部分是光线，左上角的小光体在跳动，它在向我传递宇宙的声音。它们不会介入我的生活，因为它们知道这是我的旅程，但它们的确想向我传达信息。然而，那些将我的灵魂隔离开来的批评和否定的声音是如此喧嚣，我又怎么可能听到它们想向我传达什么信息呢？"

导致内心冲突的问题

有时候，内心冲突涉及的只是很小的事情，例如，当你想要待在家里休息时，你的朋友约你去看电影；或者你是欣然接受母亲过时的窗帘，并将其挂在新式的窗户上，还是坦诚地告诉她"不，谢谢了"。你告诉自己这些都是微不足道的事情，根本不必为此伤害他人的感情。你责备、批评自己的自私，因为你不想做出小小的让步，也不想因让步而怨恨自己的软弱。还有一些时候，你可能会选择撒谎，假装自己有了别的活动，以此拒绝亲朋好友的邀请；或者你会告诉母亲，你很喜欢她的窗帘，但你没有时间安装它。

不幸的是，内心冲突并不仅限于生活中的这些小事。我们遭遇的大部分内心冲突都和凯丽的更为相像。内心冲突所涉及的是一种裂隙——我们看到的自己与我们想要他人看到的自己之间的裂隙。为了让自己快乐，我们需要满足自己的需求和欲望，而如果这些需求和欲望与他人对我们的要求相矛盾，我们可能就会产生负罪感，内心冲突也因之而起。下一幅涂鸦日记（见图 8-5）同样由萨布拉所作，它是一个完美的示例，能够清晰地向我们表明，负罪感是如何激起内心冲突的。

为了消除负罪感，萨布拉对她的涂鸦日记进行了转化，并将其命名为《漂浮在了解的云上》（见图 8-6）。在完成画作后，萨布拉在日记本的左页写下了她对这幅图画的感悟。

我正在握紧我的时间，好把它留给我自己——我的内心充满了罪恶感——我感到自己被罪恶感所扭曲。

我想把时间留给自己有什么错？我不应该花时间做我想做的事，成为我想要成为的人吗？

不，我应该打电话给朋友。我应该花时间陪伴母亲。我应该花更多时间工作。

为什么我不能把时间花在自己身上？因为这样做很自私吗？

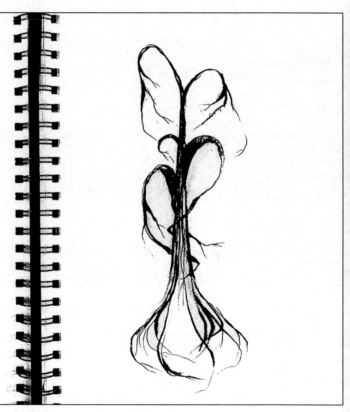

图 8-5 《握紧我的时间》，来自萨布拉的涂鸦日记

图 8-6 《漂浮在了解的云上》，来自萨布拉的涂鸦日记

　　"了解我可以将时间花费在哪些人身上，对我来说是一种成长经验——了解我需要花时间做些什么，以及我不需要在哪些事情上浪费时间。蓝色的云代表我学习、成长在一个安全、无负罪感的环境里。在这里，我有大把的时间可以做好所有的事情。我需要成长。"

在花了一些时间思考自己的图画和感受后，萨布拉在图画的背面写下了以下评论："我的成长让这个世界对每个人而言都更好了——我并不需要去讨好每个人。图画中的蓝色代表了我想要的生活。它是我的核心信念。这是我应得的生活！我值得拥有它！"

和萨布拉一样，我们都应该学会相信自己值得花费时间追求自己的利益，满足自己的需求，并以各种方式享受富足、充实、完满的生活。如果我们聆听不到这一灵魂的告诫，我们的内心将会始终处于冲突之中，因为我们仍旧将他人的需求置于自身的需求之上。正如萨布拉指出的那样："我并不需要去讨好每个人，我的成长让这个世界对每个人而言都更好了。"我们生活在这个世界上的目标，就是成为最好的自己，进而让这个世界对每个人而言都变得更好（见图 8-7）。

在我们自身的需求与他人对我们的需求之间往往存在着种种矛盾，而试图调和这些矛盾的努力会让我们变得更加支离破碎。当我们被迫去处理改变人生轨迹的大事时，这一状况会表现得尤其明显。例如，结婚、离婚、爱人的离世、失去工作、接受工作、搬家、衰老和疾病，以及一些与金钱、恋爱、抚养孩子、职业选择相关的问题。这些都是涉及我们人生的大事，在处理它们时，我们的理性会变得优柔寡断，我们的内心会畏缩不前——因为我们的选择会永远改变我们的生活，以及我们周围人的生活。

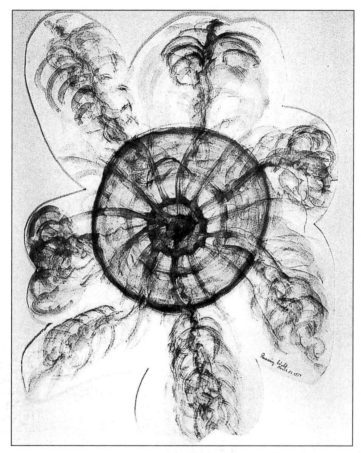

图 8-7 《成长中的内心》，来自鲍勃·莫尔斯（Bob Morse）的涂鸦日记

　　"很久以来，我都感觉自己像一个囚徒一样，我觉得我不配拥有任何人的爱，最重要的是，我不配拥有自己的爱。我相信我只能从他人那里得到这种爱，前提是我必须先让他们喜欢我。我开始寻找另一种生活方式，不想再有那么多挣扎和困扰。在学习涂鸦日记的过程中，那些关注当下、保持内心开放、亲近自己身体及痛苦的练习，让我卸下了所有的防御。我开始发觉自己内心的美丽之处。我的感悟越来越深刻，并且我找到了一幅能够代表自己的图画。这幅图画所展现的是处于某种状态的我——我的内心正在成长。"

练习1：辨识内心冲突的根源

这个练习分为两个部分，它们将帮助你识别引发思维与情感冲突的特定问题，并帮助你了解其中的原因。在第一部分的练习中，你需要对自己的问题进行命名，并描述你对这个问题的言语思考——你头脑中出现的"应该""会""可能"。这些想法可以帮助你确定自己是否存在错误的信念。这些错误的信念会使你抱有非理性的期望，而这些期望可能与你的情感、需求和欲望存在着直接冲突。在第二部分的练习中，你需要采用将意识聚焦于身体和观想的方法，绕开理性思维，获取你自身关于这一问题的图画。请你依照以下引导语进行练习或用手机扫描旁边的二维码边听边做。

第一部分

- 打开日记本，找到相邻的两张空白页，写下几个词语描述引发你内心冲突的问题。

（仅供参考）

- 闭上双眼。思考引发你内心冲突的问题，然后睁开双眼，写下以下句子，并用最快的速度写出尽可能多的结尾。

　1. 当我遇到这个问题时，我觉得我应该……

　2. 当我遇到这个问题时，我觉得我不应该……

　3. 当我遇到这个问题时，我想要……

　4. 当我遇到这个问题时，我不想……

　5. 当我想起这个问题时，我感到……

6. 每当这个问题出现时，我相信其他人会认为我……

7. 关于这个问题，我真正想要做的是……

8. 如果我能够在这个问题上随心所欲，我会……

9. 如果我向他人坦言我对这个问题的真实感受，他们会认为……

10. 如果我能够诚实地面对自己的真实感受，我将会明白……

11. 对于这个问题，我所能想到的最好的解决方法是……

- 接下来，回答以下问题：

　　当你回头看自己写的结尾时，你是否注意到任何消极的思维模式、自我归咎倾向或者对他人看法的依赖？如果你注意到了，它们都是什么？

　　你识别到的任何消极思维模式、自我归咎倾向及对他人看法的依赖，都极有可能是你的内心产生冲突的主要原因。在第二部分的练习中，你将会了解有关自身内心冲突的情绪或感受。将你的情绪或感受与你刚刚获得的有关内心冲突的思考进行比较，最终，你将会确认内心冲突的本质。

第二部分

第二部分练习包括将意识聚焦于身体和观想的练习。

开始时，先写下你记录涂鸦日记的意图，这个意图应该表明你的愿望——获取与你感受到的内心冲突相对应的图画。然后找一个舒适的地方，并依照以下引导语进行练习或用手机扫描旁边二维码边听边做。和往常一样，你可以自由地使用动作或声音等辅助措施。

- 闭上双眼，做几次深呼吸。在呼吸的时候，将注意力集中在胸腔的起伏上。持续这样做，直至你觉得与自己的身体建立了完全的联结。

- 现在，将意识集中到你在第一部分练习中辨识出的冲突上。回忆你最近一次经历这种冲突时的情景。让这段情景在内在视觉前重演。这样做的时候，务必让自己体验与之相伴而生的生理感觉。注意感受内心冲突所在的身体部位。

（仅供参考）

- 如果你身体的某个部位感受到了这种冲突的生理表现，如紧绷感、压力感、不适或疼痛感，那么请将意识聚焦于这个部位。现在想象一下，如果这种感受是一幅图画的话，它会是什么样子。

- 在知道这幅图画的样子后，睁开双眼，并将它画在日记本上。

自我探索问题

你所画的图画代表了你对自身内心冲突的情绪或感受（见图 8-8）。观察这幅图画一段时间，在你准备好后，使用下一张空白页记录下你对自我探索问题的回答。如果你将这些回答与你在第一部分练习中所写下的句子结尾进行比较，你将能领会到你的

图 8-8 《相互冲突的价值观》，来自布梅·丘吉尔的涂鸦日记

"这幅图画表达的是我心中的困扰：我想要很多钱和高品质的生活，同时，我又想与自然环境保持和谐。我想创造富足的生活，拥有一辆新车，我还想拥有自己的事业。可是，当这些价值观念相互冲突时，我又该如何抉择呢？"

情感和思维在这一问题上的差异，而这一差异就是导致你内心冲突的真正原因。

1. 关于你对这种冲突的情绪和感受，这幅图画都告诉了你些什么？

2. 图画中的颜色都告诉了你些什么？

3. 你近期是否体验过这种冲突带给你的感受？如果是，是什么样的情境引发了这种冲突感受？

4. 观察图画中的所有图案、颜色和符号。如果它们可以开口说话的话，关于你的冲突感受，它们会说些什么？

5. 在解决这一冲突时，这幅图画是否给了你任何线索或灵感？

6. 在人生中的其他时期，你是否也经历过这种内心冲突？

7. 当你现在看着自己的图画时，它是否传达了任何关于你内心冲突的特别信息或含义？如果是，它是什么？

8. 当你将对这些问题的回答与你在第一部分练习中所补写的句子结尾进行比较时，你能辨识出情感和思维之间的差异吗？这种差异是如何引发内心冲突的？写下这些差异。将差异信息分为两类，一类标记为"我针对这一问题的思考"，另一类标记为"我针对这一问题的感受"。

练习 2：理解内心对冲突的解决方法

现在，你知道是思维和情感的差异引发了内心冲突，但仅仅了解这一点并不足以解决你的问题。为了解决你的内心冲突，你可能需要内心的指导。当你与内心建立联结时，你将会看到其是如何超越理性思维的判断和期望，直抵特定问题的深层本质的。当你借助内在视觉观察一个问题时，你将会领悟到它所给予你的指导中内含的智慧。

在接下来的观想中，你将会把意识转向内心。当你的意识停留在内心时，你将会要求你的内心给予你一个符号，这个符号所代表的就是解决你内心冲突的方法。这种方法不仅在精神层面上符合你的最佳利益，也符合涉及其中的其他人的最佳利益。

在你准备好以后，再次打开日记本，找到相邻的两张空白页。写下你的意图：获取一个符号，这个符号代表的是你的内心提供的解决内心冲突的方法。接下来，请你找一个舒适的地方，并依照以下引导语进行练习或用手机扫描二维码边听边做。和往常一样，你可以自由地使用动作或声音等辅助措施。

（仅供参考）

- 闭上双眼，做几次深呼吸。在呼吸的时候，将注意力集中在胸腔的起伏上。持续这样做，直至你觉得完全和自己的身体建立了联结。

- 现在，想象你有能力将自己的意识转移到身体的任何部位。保持这一想法，让意识慢慢地滑入内心深处。

- 当你感觉到意识已经抵达那里，并且完全呈现在内心的面前时，要求你的内心给予你一个符号，这个符号所代表的就是解决你内心冲突的方法，它符合所有相关人的最佳利益。

- 在你得到这个符号后，睁开双眼，将它画在日记本上。

自我探索问题

图画中的符号代表你的内心提供的解决内心冲突的方法。观察这个符号一段时间，在准备好以后，将你对以下自我探索问题的回答写在日记本的下一页。

1. 你觉得这个符号代表了什么？
2. 这个符号与你的内心冲突存在着怎样的关系？
3. 你的内心想要借助这个符号告诉你些什么？
4. 观察你所使用的颜色。如果每一种颜色都可以说话，关于你的内心冲突，它们会对你说些什么？
5. 这个符号在你人生的其他阶段是否出现过？如果是，当时的情景是怎样的？
6. 如果你对上一个问题的回答是肯定的，那么这个符号在过去出现与它在当下出现之间存在某种联系吗？
7. 如果你的符号可以说话，它会对你说些什么？
8. 在你回答完这些问题后，你觉得你的内心给予你的解决方法究竟是什么？

借助练习消除其他内心冲突

这些练习给了你一个工具，你可以用它来解决未来出现的任何冲突（见图 8-9）。我们建议你花一点时间思考一下过去未解决的内心冲突，因为它们可能仍旧在潜意

图 8-9 《言语批评会造成心灵和精神的毁灭》，来自凯特·西科尔斯基的涂鸦日记

"在工作中，当我听到他人评价一些事物时，我的内心就会产生冲突。有时我也会参与其中，但之后，我很快就会陷入内疚之中。有时，我会保持安静，并摆出一副自命清高的姿态——我才没有他们那么低级。还有一些时候，我根本不关心他人在说什么或做什么，但要保持这种状态非常困难。"

"评价事物会造成精神能量的损耗。我觉得图画中的这个袋子在保护我，而那些小颗粒和小蜜蜂则在攻击我。这幅图画让我想到了一句谚语：'棍棒和石头也许能打碎我的骨头，但闲言碎语从不会伤害我。'这句话并不正确，言辞也可以刺伤一个人。它可以直扎你的心脏，令你错愕失态。当我和一些爱吹毛求疵的人坐在一起时，我会感到焦虑。当我自己变得吹毛求疵时，我也会感到焦虑。人们用评论把一些人捧得很高，又用评论把另外一些人贬得很低——我很优秀，而你则不然。"

"当我在画蓝色的线条时，这种冲突的感觉开始转化了。它们让我感到舒缓。画中出现了一条小路。当我想象着这股悲悯的蓝色能量时，我感受到了脚下和手上的能量在跳动。画中心的那个图形渐渐地演变成了心的形状。一旦与自己的内心建立联结，我们的精神能量就会跳动起来。"

识里影响着你。如果你触发了引发情感和思维冲突的记忆，那么请使用涂鸦日记的方法去处理它。记住，过去遗留的问题并不会自动消失。它们只会在看似轻度感染的皮层之下慢慢溃烂，并等待着下一次冲突的来临。然后，它们会再次突然爆发，并将其毒素扩散到你生活的各个层面。

相信内心的智慧解决冲突的方法

你要从内心那里接收一个符号，这个符号所代表的就是解决你内心冲突的方法。在这个过程中最困难的地方就在于，你要信任这种解决方法。当我们带领涂鸦日记团体进行这项练习时，很多学员都向我们反映，他们的内心给予他们的方法根本不是他们所期望的。他们的思维之中充满了判断、责备和批评，总是想要通过报复和恐吓来解决问题———一种真真切切的"我要你好看"的态度。但是，他们的内心符号给予他们的解决方法却是温和的、友善的、充满爱心和悲悯的。因此，他们需要调整态度，以便让自己转换到这种完全不同的观点上来。

为了能够遵循内心的指引，涂鸦日记记录者必须放下自己的自负，不要想着做所谓正确的事，不要在意他人对自己的看法。所有做到了这一点的学员都告诉我们，他们体验到了一种平和而满足的感觉（见图 8-10）。此外，当他们开始真正执行内心给予他们的解决方法时，一些不同寻常的事情发生了。他们长期以来背负的愤怒和怨恨似乎消融了。并且他们惊喜地发现，所有与这一冲突相关的人都改变了他们的态度和行为，甚至在我们的学员同他们讲话之前，改变就悄然发生了。这仅仅是巧

图 8-10 《海龟母亲和海龟之心》，来自布伦达·布林格的涂鸦日记

　　"在我绘画的过程中，中间的绿色图画让我想起了一只海龟和一颗心，于是，图画最终就呈现出了现在的样子。海龟母亲对我而言象征着智慧。这颗心同样象征着智慧——我的内心智慧就来自这里。我总是会被心形图案所吸引，总是会有意倾听内心的声音，这样我就能跟随它的指引。我正在学习尊重这种内心的智慧——尤其在我面对挑战和逆境的时候——即便它与我的理性思考相冲突。以前，我认为心灵和理智是相互分离的，但是现在，当我和自己的图画建立联结时，我体验到了一种统一的洞悉感。在这种洞悉感中，我的心灵和理智能够彼此认同。这不是我在完成涂鸦日记后体验到的感觉，而是我在涂鸦过程中接收到的信息。"

合吗？当然不是！当我们改变自己时，我们周围的人也会随之改变，根本不需要我们多费口舌。

　　情绪的变化会引发能量的变化。量子物理学的研究已经证明，能量是我们身体的生命力量。量子物理学的研究还表明，我们的能量场并不局限于自己的身体，它与其他所有生命体的能量场都存在着联系。思维是一种能量波，因此，我们的想法会经由我们的能量场与他人的能量场相互感应。这就是我们交换非语言信息的方式。记得你上次在超市排队时的情景吗？你没有和收银员说一句话，但却知道他充满敌意和怨气。你是否曾走进一间房子，尽管大家没有任何表情或言语交流，你却知道有个人觉得你很有魅力或很有趣？我们所有人都有过这样的经历。我们将这种现象称为接收到了他人的能量震动。而这也是我们现在正在做的事情——以思维波动的形式接收能量。所以，下次在你对他人抱有恶意的想法时，一定要三思。

　　内心的智慧总是能够指引我们处理好生活中的每一个难题、冲突、选择和决定。问题在于，我们中的大多数人总是习惯性地全神贯注于自己想要得到的东西，以至于对内心的声音充耳不闻、不予理睬。下一章的练习将会教你如何扩展自己的涂鸦日记实践，将其变为一种持续终生的活动。只有这样，你才能始终与内心的智慧和指引相联结。

第九章

扩展你的涂鸦日记实践

图画是内心天生的语言，在我们发掘自身独特性的过程中，将会找到通往内心非凡智慧的入口。

——道格拉斯·吉尔伯特（Douglas Gilbert）

　　我们希望前五周的涂鸦日记练习已经帮助你妥善处理了自己的情绪问题，就像克莱尔·萨托利－斯坦（Claire Sartori-Stein）那样，图 9-1 就是他的作品。和工作坊的所有学员一样，你已经学会了如何利用身体－大脑的图画语言深入探究情绪体验，而这是语言和文字永远无法企及的。在此过程中，你也学会了借助涂鸦日记来表达内心的声音。事实上，你还可以利用涂鸦日记做更多的事情。

　　目前，你从本书中学到的东西不过是一些皮毛而已。如果能够长期保持记录涂鸦日记的习惯，你将会发掘关于你自己、你的情感、你的欲望和愿望的更多信息；否则，在你接下来的整个余生里，它们可能都不会被注意、被表达。记录涂鸦日记的习惯不仅能够使你接触到自身内在知识、创造力和灵感的源泉，还能够帮助你保持情绪稳定、身体健康和精神满足（见图 9-2）。

图 9-1 《月亮人》，来自克莱尔·萨托利－斯坦的涂鸦日记

"我进入涂鸦日记工作坊的目的，就是要处理自己的情绪问题，同时，我也想了解自己是一个什么样的人及生活在这个世界上的目标。在学习涂鸦日记的过程中，我越来越深刻地了解到涂鸦日记的惊人力量：它帮助我找到了自己内心的智慧，而通往这种智慧的大门就是想象。"

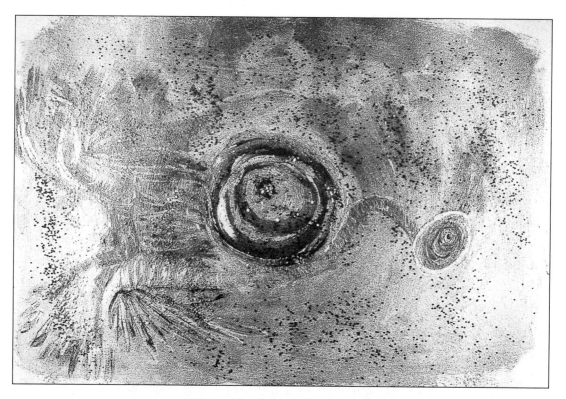

图 9-2 《神圣形式》，来自波基塔·格林姆的涂鸦日记

"我记录涂鸦日记已经超过 3 年了，所以，我对周围的世界已经有了非常深入的了解。我看待自己的方式不仅发生了改变，而且也开始用不同的眼光看待他人。我待人接物的方式和以前有了很大的不同。我的人际关系也有了很大的改善。我会更加用心地倾听他人，不再试图改变他们。同时，我也接纳了自己对创作的需要，这是我之前一直都不愿意承认的。我可以感受到心灵中的创造力。在进行创作的时候，无论我的作品多么渺小，我都能感受到内心的膨胀。"

"我创作这幅涂鸦作品的目的是找到自己的神圣形式。一个女人出现了，她用非惯用手写下了这段话：'她乘着光而来，面目不清。她自己就是自身的支撑，她的教义安然地躺在灵魂里。她借助绳索与宇宙万物相连，她聆听所有人都曾被给予的教诲。她看到了内心接收的礼物，并知道这些礼物将永恒存在。但是，若要完全把它们呈现在这个美丽的世界上，必须敞开心扉。'"

第六周：作为终身实践的涂鸦日记

在依照本书内容练习涂鸦日记的过程中，你可能已经养成了每周记录涂鸦日记的习惯，而我们写作本章（本课程的第六周，也是最后一周）的目的就是鼓励你保持这一习惯。本章的内容包括一些相关的信息、练习、建议及思考，它们会帮助你将涂鸦日记扩展为持续一生的实践。

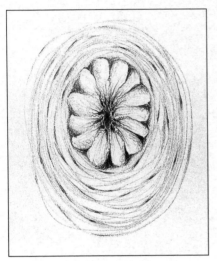

图 9-3　《接触我的灵魂》，来自萨布拉的涂鸦日记

"当我感觉自己接触到了自我存在的本质及我的内心时，我会感到很安全。我不觉得自己有必要去把握外面的世界。我需要做的是把自我置于中心，聚焦于我的内心世界，这样我就能知道什么时候要从内心世界里走出来，什么时候要留在内心世界里。这是一个成长的过程，而非一个攫取的过程。"

在本周的开始阶段，你将会学习如何加强已经建立的联结。我们将借助一个练习帮助你发现内心的目的。了解内心的目的能够使你更好地领悟它所给予你的信息，而当你在生活中面对重要的决定或机会时，就能够利用这些信息指导自己（见图 9-3）。此外，有些痛苦的经历只有通过内在视觉的观察才会变得有意义。在这个练习之后会有一次奇妙的观想之旅，它将带你深入你的内心——你心灵的守护者。在本书的指引下，你将学会利用内在视觉观想心灵的风景，在这个过程中，你将会看到潜藏在心灵深处的情感和精神事件。

接着，我们会描述一种现象，这种现象会

出现在所有长期进行艺术创作或记录涂鸦日记的人身上：他们会创作重复的图案或符号。我们会呈现一些示例向你说明，这些图案或符号可能会是什么样子。我们也鼓励你重新审视自己的涂鸦日记作品，以发现自己的重复范式。

本章的最后一个部分将会告诉你如何建立自己的涂鸦日记互助小组。我们还总结了一些非常重要的行为准则，无论是什么类型的互助小组，只要它涉及个人私密信息和情感的披露，这些行为准则都必须坚守。

加强与内心的联结

了解是什么保证了我们与内心的联结非常重要，因为倘若没有这个联结，我们将失去对自我本质的感知。我们对他人评价和观点的依赖，会使我们失去与内心的联结。当我们畏惧他人负面的回应时，我们往往会改变自己以迎合他人的期望。在孩童时期，我们中的大多数人都会被教诲，朋友和邻居对我们的看法比我们对自身的看法更重要。如果必须选出一个对我们的心灵造成最严重损害的信念，那么答案毫无疑问就是这个我们从小习得的观念了。

在生活中取悦他人，是摧毁我们自身存在的核心本质（我们的内在自我）的最快方式。幸运的是，已经有越来越多的人开始意识到，他人对自己的看法是无关紧要的。唯一需要我们关心的是我们对自身的看法。如果我们对自己不满意，如果我们不接纳自己、不爱自己，那么无论这个世界怎么赞美我们都将变得毫无意义。相反，如果他人憎恨、否定或指责我们，而我们喜欢并接纳自己，那么他人的话语或行为就不能伤害我们。如果我们能将自己对他人评价和观点的依赖弃置一旁，那么我们就能打开通往内心的大门，并将自身与灵魂的联结锻造得更为牢固和强大（见图 9-4）。

大家可能已经发现，涂鸦日记是加强你与内心联结的最佳方法。它能够让你内心的声音变得更响亮和清晰。打开这一交流通道不仅能够使你接收到来自灵魂智慧

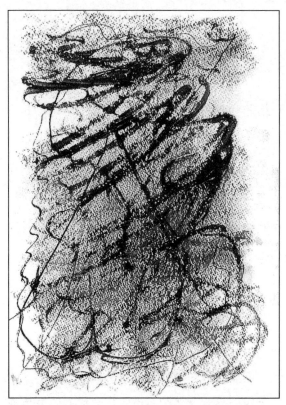

图 9-4 《根源》，来自桑迪·戈尔德的涂鸦日记

"涂鸦日记改变了我的生活。我第一次记录涂鸦日记是在 3 年前。那是我人生中第一次拿起画笔。在画了几分钟后，我开始控制不住地啜泣起来，因为我觉得自己几乎不可能画出一幅画。如今，我非常珍惜记录涂鸦日记的时间，因为这对我来说纯粹是一种乐趣。"

"在创作这幅图画之前，我和一位朋友之间出现了一些问题，这让我感到非常不安。因为我不知道应该怎样处理这些问题，所以我开始记录涂鸦日记，希望内心能够给予我指引。在我开始创作后，这幅图画渐渐地显示出了大树的样子，并且这棵大树的根部非常紧密、繁茂。接着，我开始给大树增加一些蓝色，这些蓝色告诉我，我需要说出真相。然后，我又给大树增加了一些绿色，此时，我意识到自己在说出真相时要敞开心扉。内心给予我的信息非常清晰：对我而言，维持这段友谊很重要，我不能因为这件小事就牺牲它。我想要从内心那里获得明确的解答，并且我确实接收到了这种解答。"

的指引，还会让你领悟到你存在于这个世界上并不是一个随机事件，生命的目的也不仅仅是敷衍、应付。这一领悟将帮助你完成躯体、思想和精神的相互联结。

洞悉内心的目的

大部分参加工作坊的学员都坦言，他们来到这里的一大动因是在生活中体验到了巨大的空虚感。我们早就发现，人们感到空虚并不是因为他们在生活中没有得到满足，而是因为他们的生活缺乏内在的目的——我们将其称为内心的目的。我们相信每个人的出生都有其特定的意义——我们来到这个世界上是为了完成一项独特的事业。

一个人的内心目的并不一定是取得一些辉煌的成就，如成为美国的首任女总统或获得诺贝尔和平奖奖章。我们中的任何一个人所做的任何一件事，只要能够积极而友善地影响他人，就是一项伟大的人道主义成就。试想，如果每个人都能够积极地影响并激励另外一个人，那么所有人的生活都必将获得永久性的改变。事实上，无论我们是否注意到了这一点，我们的确每天都在影响着他人的生活。不幸的是，如果我们感到空虚或缺乏目的，那么我们对他人的影响也将会是负面和消极的。当一个人带着目的去做一件事时，哪怕是一项很小的任务，他也能获得惊人的成功。

洞悉内心的目的不仅能够加强你与内心的联结，还会让你更加从容地信任内心的指引。现在你已经知道，你生活的方向就是处理未来会出现的问题、冲突、疑难和选择。

练习 1：发现你的内心目的

有些人似乎总是知道自己的内心目的是什么，并且他们能够始终专注于这个目的。然而，我们中的大多数人还是需要一些帮助，这样在面对冲突问题或两难选择时，就能获得内心的指引。此次练习就是帮助你进入心灵深处，在那里，你将会更加轻松地倾听内心的声音。并且你还会要求灵魂给予你一个符号，这个符号所代表的就是你的人生目的。

在你准备好后，再次打开日记本，找到相邻的两张空白页，写下你的意图。这个意图应该在某种程度上反映出你的愿望（即获得一个符号），这个符号所代表的是你的内心目的。接着，请你找一个舒服的地方，并依照以下引导语进行练习或用手机扫描旁边的二维码边听边做。和往常一样，你可以自由地使用动作或声音等辅助措施。

- 闭上双眼，做几次深呼吸。在深呼吸的时候，感受胸腔的起伏，并将意识集中到身体上。继续深呼吸，直至你感觉到已经与自己的身体完全建立了联结。

（仅供参考）

- 想象你的意识是一粒微小的光珠，它依偎在你的内心深处，并且你能够将这粒光珠移动到身体中任何你喜欢的部位。

- 将注意力集中到心灵深处。想象这粒微小的光珠——你的意识之光，轻柔地滑向了心灵深处。感受它在你心灵深处的存在。

- 现在，你的意识已经出现在了心灵中，想象你打开了与内心进行交流的通道。要求内心为你呈现一个符号，这个符号所代表的就是它给予你的内心目的。

- 在得到这个符号后，睁开双眼，将它画在日记本上。

自我探索问题

在你完成图画后，观察这幅图画一段时间。接着，当你准备好以后，将你对以下自我探索问题的回答写在日记本的下一页。这些答案将会帮助你明确这个符号的意义。

1. 你觉得这个代表内心目的的符号有哪些含义？

2. 如果这个符号可以说话，它会对你说些什么？

3. 关于你的内心目的，它都告诉了你些什么？

4. 在这幅图画中，你所使用的颜色有什么特殊的意义吗？

5. 这个符号之前是否出现过？如果是，当时的情景是怎样的？

6. 你现在感知到的内心目的是怎样的？

7. 你的内心目的是如何融入你当下的生活中的？

8. 你觉得你的内心目的会对自己未来的生活产生怎样的影响？

9. 如果要跟随内心目的的指引，那么你需要在生活中做出哪些改变？

10. 对于跟随内心的指引，你心中是否存有疑虑或担忧？如果是，它们都是什么？

11. 如果你对自己的内心目的感到忧虑，那么这种感觉是否要告诉你些什么？

12. 这个符号所象征的内心目的是否曾在你的生活或意识里出现过？如果是，它是以何种方式出现的？

13. 为了践行你的内心目的，从今天开始，你应该做些什么？

案例：象征内心目的的符号

如果在回答完自我探索问题后，你仍然难以理解象征内心目的的符号的含义，那么接下来的四幅示例图画（见图 9-5、图 9-6、图 9-7、图 9-8）也许能够为你提供一些帮助。在每幅图画的下面还附有作画者对其象征符号的解读。我们希望这些示例能够让你从不同的角度来解读自己的符号，以便弄清楚其中的含义。

就像我们之前所指出的那样，你的内心目的也许并不会与某项事业或者某种成就相关。它可能更加类似于切丽从她的内心目的符号（见图 9-5）中接收到的指示。切丽所接收到的信息就是让生活丰盈起来，而她的内心目的就是让生命流入他人的生活，即影响他人。同样，你的符号可能会告诉你，相信自己做出决定和改变生活的能力。或者你的符号可能会说，如果培养自己内在的平和感，你就能成为他人获取快乐与平和的源泉（这并不是说，你的符号就不会告诉你去追寻一个特定的目标）。

在这个过程中最重要的是，你要保持头脑和心灵的开放，并且如果你的符号告诉你的信息与你的期望相悖，也不要感到失望。记住，内心的运作方式是你无法预测的。在你看来感到失望至极的信息，可能会是你所能获得的最激动人心的指引。

如果你仍旧无法阐明内心目的的符号的意义，那么你所需要的可能只是耐心地等待一段时间。在这段时间里，你最好把这页纸从日记本上取下来或撕下来，并将其挂在天天都能看到的墙上。经过一段时间后，你可能会惊喜地发现，象征符号的意义变得清晰了。

图9-5 《膨胀的内心》，来自切丽·艾洛的涂鸦日记

"这幅代表了我的内心目的的图画是如此广阔而动态，我感觉它好像在包围着我、眷顾着我、滋养着我。它自深处升腾而出，在人生的旅途中呵护我成长，给予我关爱。有时，它会握住我的手并拥抱我。我的肉体、理性和心灵全都能感受到其中的爱意与愉悦。"

"在创作这幅图画的过程中，我感到自己的灵魂如此奔流不息。我几乎难以将它表达的内容展现在这张纸上，并且这些内容是完全私密的。它提醒我，我并非孤身一人——我曾一次又一次地从它那里获得这一信息。只要我能够摒弃忧虑，我和它之间的联结就能够始终稳固如初。我的内心不断地提醒我：'我一直在陪伴着你。'它告诉我要让自己的生命涌动起来，我的目标就是让生命流入他人的生活。"

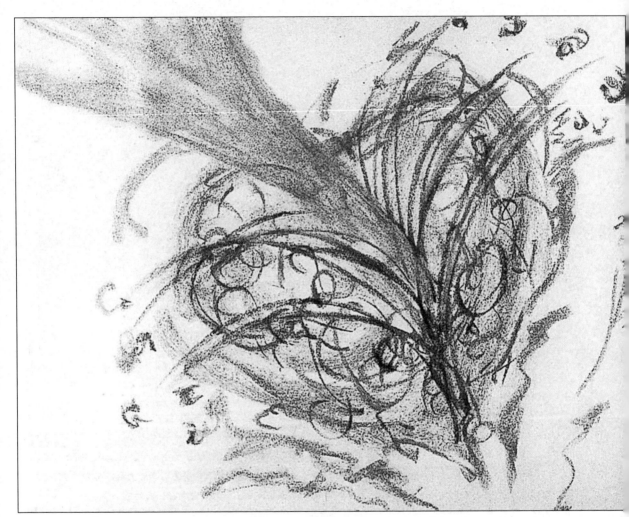

图 9-6 《内心的运动》，来自克莉丝汀·维沃纳的涂鸦日记

"这个符号告诉我，我远比自己想象的更加广阔。我充斥在空间和气息里，我变化多端且没有边界。当我们敞开自我时，会发生什么？我们能够移动、呼吸、变化。在我们的内在视觉中，所有人的真实自我都会被接纳、被认可。我的内心向我传达的人生目的就是——接纳自己。"

图 9-7 《女神带来了礼物》，来自以夏米拉·凯思琳·托马的涂鸦日记

"我不知道真实的自己是怎样的，但我能够感受到她。语言无法抵达那里。舞蹈、颜色、光亮、击鼓、吟唱可以抵达那里。当我看到光亮、能量和爱时，恐惧就会消失。这个符号告诉我，我的目标是将女神的能量带到工作中，并且我知道这种女性能量就是呵护和光亮。"

图 9-8 《让内心绽放》，来自波基塔·格林姆的涂鸦日记

"我一直都背负着家人的期望——成为一名教师。但这从来都不是我自己的期望。它就像我的负担一样。这个符号告诉我，我的内心需要绽放。它同时也告诉我，我并不需要背负他人的期望生活。如果我能够跟随内心的指引，卸下负担，让内心绽放，那么他人的期望就不会对我造成影响了。"

与内心的目的保持一致

记录涂鸦日记的时间越久，你就越容易信任自我中想要与内心目的保持一致的那一部分。随着你愈发信任自身及你的灵魂指引，你将学会如何在承担适度风险的同时保持心态放松；此外，你也能学会在这个常常并不太安全的世界中觅得安全感。内在的信任感和安全感及对内心目的的终极领悟，可以让一个原本怯懦的人反抗有暴力倾向的配偶、离开控制欲强的父母，或者对抗任何威胁到其幸福的情境。

练习 2：画出内心的风景

如果在你的身体中存在着内心的栖居之所，那么这个地方必然是心灵。毕竟，我们的心灵是情感和情绪最敏感的反应区。几个世纪以来，无数作家和诗人都将心灵视为爱情的发生之地，悲伤和喜悦也从这里孕育。爱情、渴望、悲伤、哀愁、欲望和喜悦，这些都是心灵的附属品，与思想无关。

在此次练习中，你将会在我们的指引下观想心灵的风景。那里是贫瘠干涸的荒漠，还是苍翠繁茂的绿地？那里是白天还是黑夜？天空是干净明亮还是乌云密布？谁或者有什么东西生活在这片风景里？他们生活在这里的目的是什么？你的心灵之地是开放而热情的，还是封闭而难以亲近的？你的心灵将会告诉你你是谁，你喜欢什么，你如何表达这种喜欢，什么会让你快乐，什么会令你悲伤，什么是你所期望的。当你将这些元素与你所知道的内心目的相结合时，你将会获得你所需要的一切，完完整整地去体验属于你自己的生活。

在你准备好以后，打开日记本，找到相邻的两张空白页，然后写下你的意图。

这个意图应该在某种程度上反映出你的愿望——观想心灵的风景。接着，请你找一个舒服的地方，并依照以下引导语进行练习或用手机扫描旁边的二维码边听边做。你可以自由地使用动作或声音等辅助措施。

（仅供参考）

- 闭上双眼，做三次缓慢而深长的呼吸。将注意力放在胸腔的起伏上。体验气体在肺部进出的感觉。现在，再做三次深呼吸，并想象自己呼入光线和呼出颜色——任何颜色都可以。然后再做三次深呼吸，并随着每次呼吸再次吸入光线、呼出颜色。感受身体在每一次呼气后都变得更加放松。再次想象自己吸入光线并呼出颜色，直至你感到完全自在和舒适。

- 正常呼吸。允许注意力离开呼吸，滑向你的心灵深处。

- 将注意力集中在心灵深处，让自我也呈现在那里。在你与心灵中的情感建立联结后，想象这些情感是什么样的风景。

- 这片风景有着什么样的地貌？那里生长着什么类型的植物？天空是什么颜色的？有乌云出现吗？现在是狂风暴雨还是风和日丽？是白天还是黑夜？在你心灵的风景中，有树木、花草、道路或建筑吗？那里有活着的生命体吗？他们（它们）都是什么，其存在于那里的目的又是什么？

- 在感知到心灵的风景的意象后，睁开双眼，将它画下来。

在你完成图画后，将它摆放或张贴在某个地方，以便你能从较远的距离观察它。现在坐下来，好好地观察它一段时间。在你准备好以后，回答下面的自我探索问题。

自我探索问题

这幅图画隐喻了你心灵中潜藏的情感与情绪。首先，通读以下问题，在你准备好以后，将你对这些问题的回答写在日记本的下一页。你的回答将会帮助你了解心灵的感受、欲望，甚至是可能的需求。

1. 当你观察心灵的风景的图画时，你的感受是怎样的？

2. 图画中有没有任何让你感到意外的东西？如果有，它们是什么？

3. 关于你的心灵，这片风景都告诉了你什么？

4. 图画中的颜色让你产生了什么样的感受？

5. 是否有东西让你感到不安？如果有，对它们进行描述并说明原因。

6. 写下一些句子，说明图画中你最喜欢的部分。

7. 关于你的心灵，你从这幅图画中学到了什么？

使用更大的纸张和不同的材料进行创作

涂鸦日记常常会激起人们的创作欲望，让人们想要在更大的纸张或不同的材料上进行创作。尽管在本书中，我们已经展示了一些更大篇幅的画作及使用其他材料创作的作品，但是我们仍然要专门介绍一下我们的学员使用过的各种材料和介质（见图9-9）。我们希望你能够从中获得灵感，并将自己的涂鸦日记扩展到新的领域。

图9-9 《我心灵的风景》，来自凯特·西科尔斯基的涂鸦日记

"心灵的风景告诉我，我的心灵及我自身都是与宇宙万物相连的。流经宇宙的生命能量也会进入我的心灵。太阳温暖了我的心，夜晚的天空也与我相连，壮丽宏伟的紫色山脉给予我支撑。风景的底部是阻碍我感知生命的紧张感。它正被深埋入地下，因为我并不需要它。我心中的骆驼就是来帮助我消除这种紧张感的。"

　　为了画出更大尺寸的图画，我们的很多学员最初都会在比日记本大一点的纸张上进行创作。当大纸张也无法满足他们时，他们就转向了硬纸板、伸展画布、纤维板甚至胶合板。有些学员想使用三维材料，因此他们开始尝试使用黏土创作，这既包括自动硬化型的黏土，也包括传统窑烧型的黏土。有些学员开始在木材上创作，他们在木材上雕刻或组建雕塑作品；还有一些学员利用箱子和其他材料制作悬挂饰品。一些喜欢冒险的学员甚至开始在金属上进行创作。

　　但是，对某些学员而言，纸张并不是越大越好。有些学员对日记本的大小非常满意，他们只是想使用不同的材料进行创作。一位学员在图画上粘贴了人工草皮来为图画增加质感。另一位学员则将砂纸粘贴在了日记本上，并开始在砂纸上涂抹颜料和粉彩。还有一位学员除了使用水彩和粉彩绘画以外，还使用干燥的玉米皮、树叶和枯草发酵而成的堆肥作为辅助材料（见图 9-10）。金葱粉、沙画、磨砂漆、彩色胶水及荧光漆，这些都是那些想让图画显得更加活泼的学员所惯用的材料。

　　在这里，我们想要强调的一个重点是，任何材料，只要它能够表达你最深切的焦虑、内心的冲突或最强烈的渴望，你就可以随意使用它。如果你发觉自己有尝试不同材料的创作欲望，那么请不要畏缩不前。我们发现，那些之前从来没有摸过画笔或彩色粉笔的人，一旦有机会在纸上画出丰富多彩的图画，很快就会希望画更多（见图 9-11）。

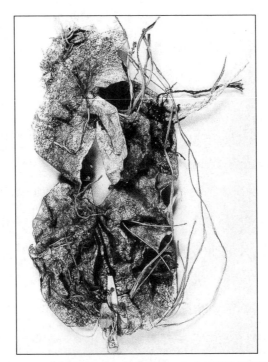

图 9-10 《唐娜的心》，来自唐娜·朱塞佩的涂鸦日记

"这是我心灵的风景。在一张涂满粉彩的纸上，使用药草、玉米皮、树根、水晶、珠子和金葱粉等材料似乎也没有什么不妥。我甚至还用来涂抹粉彩的棉纱粘贴到了纸上。它让我觉得非常有生气、天然有机、平衡、立体和富有创造力。它接通了我心灵的蓄水池。"

"这幅图画告诉我，我的心灵正在成长，它渴望充盈。它想要被抚摸、被重视。它在四处探索，同时保留了自己可以藏身的缝隙。这是一个休憩之地，同时有着种种令人惊讶之处。这是一颗年轻、幸福的心，但又有着成熟的纹理。绿色的药草让我感到柔软而温润，褐色的叶子让我感受到了朴实的泥土气息。我喜欢这幅图画。我把它悬挂起来并凝视着它。这幅图画向前微微倾倒，这种感觉就像心灵在向外流淌、倾泻。它让我感受到了一种存在感，就像我与自己存在于其中的空间和环境之间有着某种联系。"

"我已经了解到，我的心灵能生存也能死亡，它时而敞开，时而紧闭。它和我讲话时，我专心倾听。我的心灵拥有一切情感。它是情绪的蓄水池。我爱我的心灵。我有一颗善良、幸福而又富有创造力的心灵。我的心灵告诉我有关自我的种种。我的心灵懂得分享。"

图9-11　《整型树》，来自卡罗尔·帕特森（Carole Patterson）的金属蚀刻作品

"在我第一次拿起一支彩色粉笔后，一个崭新而令人激动的世界向我展开了。最初，我记录涂鸦日记是因为有一位好友兴奋地告诉我，她正在参加一个涂鸦日记小组，并且她鼓励我也参加。当时，我正想在乏味的工作之外寻找一些有趣的事情做，朋友也向我保证，涂鸦日记并不需要任何艺术修养，所以我就欣然接受了她的邀请。当时我并不知道，这次偶然的机遇会永远地改变我的生活。"

"团体中那种安全而亲切的氛围使我看到了自己的一些品性，我一直都希望自己拥有这些品性，但我从来不知道自己已经拥有了它们。将艺术创作从大脑转向心灵，像孩童时期那样对自我进行自由表达，唤起了我强烈的创作欲望。一年之后我请了长假，开始学习艺术课程。我对新生活非常满意，因为艺术创作成了我新生活的重心。"

在一次采访中，生态心理学家西奥多·罗斯扎克（Theodore Roszak）表示：

> 人们越享受创造的快乐，他们就会越少地成为消费者，尤其是那种流水线式的文化产品的消费者。我将这种创作的快乐视为一种新的财富，并且它比任何物质财富都更加重要。我认为，艺术应该是由人们亲自创造的，它不应该成为一种消费品，并且这种创造必须是日常生活的一部分。创造性工作是一种深刻的精神满足。

对于罗斯扎克的说法，我们深表赞同。我们越是能够让人们在涂鸦日记中获得快乐和情感上的满足，他们就越会减少自己对物质的依赖——在很多时候，物质成了我们满足内心渴望的唯一替代品（见图 9-12）。

图画签名和个人能量符号

当人们把涂鸦日记或者其他类型的艺术创作变成一种习惯后，他们会不断地创作出重复的符号或图画，我们将这一现象称为"图画签名"和"个人能量符号"。大多数人并没有意识到他们在重复画一些特定的线条、形状或图案。而一旦他们意识到这一点，并努力辨识这些重复的符号和图案，那么他们就会想弄清楚它们的潜在意义。

在这一部分内容中，我们将会说明什么是重复符号、重复图案，以便让你辨识自己的重复图画范式。在学会辨识它们以后，你将会弄清楚它们是如何向你传递重要的信息，如何告诉你你是谁及你将会成为一个什么样的人的。从本质上讲，它们

图 9-12 《哦，我的天哪》，来自罗宾·博伊德的涂鸦日记

"我的意图是进入心灵的属地，不带任何挑剔和评判地了解它的全部内容。"

"哦，我的天哪！我从来都不知道我的心灵如此美丽。我爱这个世界，爱它忙碌的一切。我爱我与内心的联结。我爱这个爱着我的世界——它既阴郁又明亮，既生机勃勃又紧张繁忙。图画的颜色让我感到孤独，然而，很多人与物都有着孤独的一面。正因为孤独，我们才有那么多憧憬、可能性和兴奋！只有鸟儿喜欢成群结队。蛇、驯鹿还有人类都是孤独的物种。然而，我们又都是一个更大的统一体的一部分，所以，其实我们并不孤独。"

"我比自己想象的更加丰富。我喜欢这种心灵有所归属，而又能够远行的感觉。我永远都能回到自己梦开始的地方，我知道这一点。我吸收营养，学习知识。我将去找寻光明，然后再返回这个出发之地。"

是一种意象速写，在你长期记录涂鸦日记的过程中，它们可以强化你内心中的图画转化程序。

图画签名是一种由个体逐渐建立起来的特定类型的线条、形状或图案。它在某种程度上表征了个体的性格，并且它和一个人的签名有着很多相似之处。此外，它和签名一样都带有独特的个人印记，可以作为一种识别个人身份的工具。

图画签名由重复出现的线条、形状或图案构成，常见的一些例子包括螺旋线、正方形、三角形及各种类型的几何或抽象图案。这些线条、形状和图案通常会演变成更复杂的图画，如十字图形、花朵、太阳、山峦、闪电束、树木、水、鸟、蛇。这些签名图画往往以各种形式出现在某位学员所创作的大多数图画中。

个人能量符号是指重复出现在不同图画中的一条线或一个符号。这种重复的线条或符号通常源自个体快速而无意识的涂鸦，和图画签名一样，个人能量符号也代表了高度个性化的个人特征。

下面这幅图画日记（见图 9-13）是我们的学员阿黛尔·卡博夫斯基的作品。这幅图画及阿黛尔的另外两幅图画（见图 9-14、图 9-15）是图画签名重复出现在不同图画中的典型范例。对阿黛尔而言，蛋状图或豆荚图就是她的图画签名。随着时间的推移，她发现自己大约 80% 的作品中都出现了这种图画签名。当阿黛尔谈论这些图案时，她将它们视为自己新信念、新行为和新态度的孵化器。她告诉我们，这些孵化器或豆荚正孕育着她的全新自我。

图 9-13　来自阿黛尔·卡博夫斯基的涂鸦日记 1

图 9-14　来自阿黛尔·卡博夫斯基的涂鸦日记 2

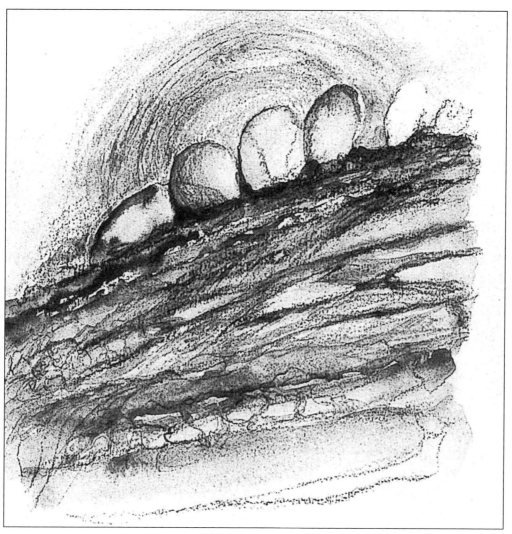

图 9-15　来自阿黛尔·卡博夫斯基的涂鸦日记 3

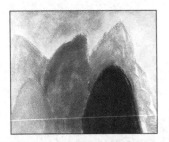

图 9-16　来自切丽的涂鸦日记 1

图 9-17　来自切丽的涂鸦日记 2

图 9-18　来自切丽的涂鸦日记 3

能量符号并不会像图画签名那样形成完整的图画，它更像组成一个更大的图形或形状的几笔符号。它们往往是某个特殊符号或图画的构件或组块。能量符号的一些范例包括交叉线、平行线、三角形、圆圈、点和短线、波浪线、斜线及短斜线。图 9-16、图 9-17 和图 9-18 中的三角形就是切丽的个人能量符号，她频繁地使用它们组成山脉、牙齿及一些抽象的图案。

我们之所以称这些重复符号为"个人能量符号"，是因为学员们告诉我们，使用这些符号使得他们感到自己更加强大。正如一位学员所指出的那样："当我使用能量符号时，我感到自己正在表露内心深处的真实自我。我同时还感到，我内心的能量更加平衡、更加充沛了，就好像我与自己象征性的内心指引系统建立了联结。"

每次在六周课程结束的时候，我们都会要求工作坊的学员回顾他们创作的所有涂鸦日记，这些日记的数量大概在 12~30 篇。在这个过程中，他们需要辨识出自己的图画签名和个人能量符号。现在，我们也建议你花一点时间做这件事。如果你真的这样做了，那么你将能够看到自己的重复图画范式，以及这些重复图画所表现出的你的内在本真和自我的积极面。最终，它们将帮助你实现自我的全部潜能（见图9-19）。

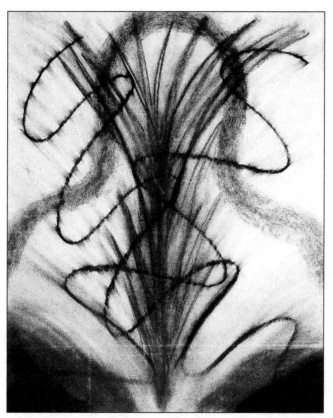

图9-19 《寻找灵魂》，来自丽莎·斯莱特里（Lisa Slattery）的涂鸦日记

"为了寻找它自身，我的心灵跋涉在生命的旅程中。它找到了自己本真的颜色和形状，然而，它却不能被任何实体所容纳。当我与自身的这种无限性相联结时，我知道，我找到了自己的家。"

加入团体的好处

如果你还没有建立属于自己的涂鸦日记小组，那么你可能不会明白建立涂鸦日记小组有什么好处。举例来说，我们工作坊的学员所拥有的一项优势就是，他们可以与团体成员分享自己的作品。成为涂鸦日记小组的成员有很大的好处：当团体成员彼此分享作品及他们从中学到的东西时，某种转化和治愈的过程会在他们身上悄然发生。当我们倾听他人表达自身情感和分享自身经历时，这种转化和治愈的过程也会在我们身上发生，于是我们开始明白，我们并不孤单。我们看到其他人也会时常感到痛苦和困惑，也曾经历过和我们相似的失败。而在相互分享的过程中，一种安慰感便油然而生。

建立自己的涂鸦日记小组

如果你想建立自己的涂鸦日记小组，接下来的内容将会帮助你着手进行这项工作。它包含了小组的运作规程及一些更为重要的行为准则。无论是什么类型的互助小组，只要涉及个人信息甚至私密信息的披露，这些行为准则就必须被遵守。

- **组建小组的两种方式**
  1. 找一些你认识的、对涂鸦日记可能感兴趣的人，邀请他们加入你的小组。注意控制小组的规模。如果小组的人数超过了 6 ~ 8 人，那么你将很难保证所有成员都有时间进行分享。

2. 制作宣传海报，将其发布在网上或张贴在当地的书店和任何会对这样的互助小组感兴趣的人能够看到的地方。

• 这是一个互助小组而非治疗小组

除非你是一位接受过专业训练的心理咨询师、心理治疗师或者表达艺术治疗师，否则你要明确告知所有小组成员，这是一个互助小组而非治疗小组，这一点极为重要。请要求每位小组成员仔细反思自己的意图，以确保他们没有将这个互助小组作为治疗小组的替代品。

• 为小组设立定期的会面时间

我们发现，每周 1 次、每次 2 小时的会面时间，能够让大家在记录涂鸦日记的过程中获得一种稳定、连贯的感觉。我们同样建议你确定一个具体的会面周数，并严格遵循这一计划。

• 以六周课程作为开始

在小组成员最初记录涂鸦日记时，依照本书的六周课程进行练习是最为恰当的。如果小组成员想要在初期的六周课程结束后继续练习，那么在确定后续的周数上，所有人都应该有发言权。

• 设立程序规则并要求所有人遵守

我们向你推荐的程序规则与我们在学员中所采用的是一样的。

1. 指定一个人担任主持人。这个人可以是小组的组织者，也可以由小组成员选举产生。

2. 主持人的任务是按时开始和结束会面，保证会面顺利进行，以确保每个人都有时间发言并分享其作品和体验。

3. 务必要求所有人尊重他人的隐私权，并严格遵守以下保密准则：任何人都不能在小组之外谈及小组成员的名字，并且所有人都要保证不在小组之外透露小组内部的谈话。

4. 任何互助小组的首要功能就是提供一种环境。在这种环境中，小组的所有成员都可以无所顾忌地表达内心最深处的感受，同时又不必担心会受到他人的批评或指责。因此，所有人在加入小组时都应该同意不去品评他人。

5. 永远不要解读其他小组成员的涂鸦作品。你可以使用以"我"字开头的句子讨论和评价他人的涂鸦作品，但又不对作品本身做出阐释。例如，你可以说，"当我看着你的图画时，我觉得……"如此一来，你既可以分享见解，同时又对他人的解读表达了尊重之意。

6. 当其他成员分享涂鸦作品、思想和感受时，小组的每位成员都应该认真倾听，在表达同情的同时不做任何评判。

7. 不要让任何成员支配整个团体。分享某个人的涂鸦日记经历及涂鸦过程中所呈现的相关情绪，对团体和这个人而言都有着巨大的效力。然而，如果某位成员开始独占团体的时间，并尝试应对某种强烈的情绪问题（这对非治疗性的互助小组来说是不适宜的），或者想要让团体帮助其解决自身所独有的问题，那么主持人应该提醒这位成员"是时候进行下面的内容了"，这样大家才能都参与进来。

8. 限制每位成员谈论自己涂鸦作品的时间。每人 10 分钟的谈论时间可以保证所有小组成员都能耐心地听下去，同时又不会感到厌烦。

9. 强调准时开始会面的重要性，因为等待迟到者会令人懊恼，并且对守时者也不公平。

10. 准时结束会面。超时会让小组迅速失控，也很难再让成员们遵守个人不应该独占团体时间的准则。

11. 建议每位小组成员都找一位心理咨询师或心理治疗师，这样在其出现情绪或情感问题时，就能够获得额外的支持。

六周涂鸦日记课程结束之后

为了让你在六周涂鸦日记课程结束之后继续记录涂鸦日记，我们向你提出以下几点建议。

1. 每天或每隔一天进行一次签到练习，以了解自身的感受、体验，或者需要表达的情绪、身体或精神问题。它可以让你确认自己是否有必要对某种情绪或情感进行深入探索。

2. 如果签到图画表明你的内心有冲突、困惑，或者你的情绪宣泄出口、创造力被阻塞，那么请专注于你的问题。将你的意识转移到自己的内心深处，要求灵魂向你呈现一个符号或一幅图画，这个符号或这幅图画能够表明你需要知道、了解或去做的事情。

3. 如果你正在某个两难抉择面前踟蹰不前（如是否要接受一份新工作或继续一段恋爱关系），那么请闭上双眼，想象你在每种情境下的遭遇：做着新工作与留在原来的工作场所，继续恋爱关系与分手。然后想象每种选择带给你的感受。在你得到答案后，将每种选择给予你的感受画下来。在你观察自己的图画时，你会立刻感知到内心想让你做出的选择。

　　尽管六周的涂鸦日记训练课程到这里就要结束了，但是我们希望你利用涂鸦日记让自己的内心得到表达的愿望不会就此结束。学员告诉我们，一旦一个人学会了如何倾听自己内心的声音，他将无法再忍受没有内心声音的生活。你要知道，你自始至终都拥有一种智慧，它能够指引你渡过生命中最黑暗的时光，而这就是上天赐予你的最宝贵的礼物。

致　谢

如果没有那些热爱涂鸦艺术的人们的帮助和支持，这本书是不可能完成的。首先，我们要感谢这些年来所有参加涂鸦日记工作坊的学员——是你们让我们知道，这是一次多么美妙的旅程。

我们也要感谢下面的每一个人，是你们慷慨地贡献了自己的涂鸦作品、个人故事、灵感、建议和智慧：切丽·艾洛、罗布·布莱斯、罗宾·博伊德、凯丽·布伦南、布伦达·布林格、帕特里夏·卡伯特、希拉·查伦、布梅·丘吉尔、萨布拉·丘吉尔、梅格·里根、卡罗尔·卡特勒、萨拉·戴维斯、唐娜·朱塞佩、琼·德怀尔、艾伦·菲茨杰拉德、索尼娅·费舍尔、珍妮·金德伦、波林·古利特、罗宾·格蕾丝、波基塔·格林姆、桑迪·戈尔德、琳达·休斯－里弗斯、卡罗尔·伊萨卡、贝丝·杰克逊、阿黛

251

尔·卡博夫斯基、金恩庆、安托瓦内特·赖德里安、凯西·麦克、奇瑞·麦肯纳、芭芭拉·麦克瑞卡、帕特里夏·马克思、罗伯特·莫尔斯、桑迪·布林、卡罗尔·帕特森、谢丽尔·瑞恩、玛丽·萨金特·桑格、克莱尔·萨托利-斯坦、玛格丽特·雪利、凯特·西科尔斯基、丽莎·斯莱特里、以夏米拉·凯思琳·托马、克莉丝汀·维沃纳、琳达·希尔-沃和阿莱恩·怀特。少了你们中的任何一位，这本书都不可能完成。

同时，也要感谢我们的经纪人朱莉·安娜·希尔（Julie Anna Hill），你是我们的启明星，是我们信念和希望的天使。

我们还要感谢莉莉安娜·科斯塔（Liliana Costa），感谢你在本书的筹划阶段和初始章节的写作上给予我们的诸多帮助。你是我们最珍贵的朋友、支持者及合作者。

我们还要将感激和谢意送给本书的执行编辑——布伦达·罗森（Breda Rosen）。感谢你在本书的写作阶段给予我们的热情帮助。当然，还有你为我们提供的深刻建议和观点。

感谢简·劳伦斯（Jane Lawrence）对本书的精心编辑。你非常重视且升华了我们想要传达的信息。

还要感谢那些为了帮助我们按时完成本书而辛勤工作的人们：罗德岛（Rhode Island）东格林威治相片公司（East Greenwich Photo）的摄影师杰拉尔德·沃尔什（Gerald Walsh），罗德岛北金斯敦印刷世界公司（Print World）的拉乌尔（Raoul）和珍妮丝·霍尔津格（Janice Holzinger），以及打字员玛丽莲·约翰逊（Marilyn Johnson）和斯泰西·斯坦曼（Stacy Steinman）。

当然，还要感谢我们的家人和朋友，感谢你们对我们的无私帮助和耐心支持。

版权声明